装配式建筑预制构件吊装工艺与应用

宋　扬　李有志　严定刚　李　杰　主　编
江　建　张学军　刘铁军　彭晓钢　刘艾轩　周晓璐　副主编

中国建筑工业出版社

图书在版编目（CIP）数据

装配式建筑预制构件吊装工艺与应用/宋扬等主编；
江建等副主编. —北京：中国建筑工业出版社，
2022.11
ISBN 978-7-112-28013-1

Ⅰ.①装… Ⅱ.①宋… ②江… Ⅲ.①预制结构-装
配式构件-安装 Ⅳ.①TU3

中国版本图书馆 CIP 数据核字（2022）第 178519 号

本书是面向装配式建筑施工一线人员的技术指南，重点介绍了装配式混凝土结构的预制构件吊装工艺以及应用技术要点，促进提高装配式建筑预制构件的安装效率和质量。全书共分为 5 章，包括：装配式建筑概述、预制构件吊装施工组织与设备、预制构件吊装施工工艺、预制构件吊装质量管理、预制构件吊装信息化应用。本书内容精炼，实操性强，可供装配式建筑行业从业人员参考使用。

责任编辑：高 悦 王砾瑶
责任校对：董 楠

装配式建筑预制构件吊装工艺与应用

宋扬 李有志 严定刚 李 杰 主编

江 建 张学军 刘铁军 彭晓钢 刘艾轩 周晓璐 副主编

*

中国建筑工业出版社出版、发行（北京海淀三里河路 9 号）

各地新华书店、建筑书店经销

霸州市顺浩图文科技发展有限公司制版

北京中科印刷有限公司印刷

*

开本：787 毫米×1092 毫米 1/16 印张：10½ 字数：257 千字

2022 年 12 月第一版 2022 年 12 月第一次印刷

定价：55.00 元

ISBN 978-7-112-28013-1

（40144）

本书编委会

主　编：宋　扬　李有志　严定刚　李　杰

副主编：江　建　张学军　刘铁军　彭晓钢　刘艾轩　周晓璐

参　编：林志鹏　付灿华　朱　亮　石军乐　祝元杰　刘　洋

　　　　张永峰　梁志峰　欧阳蓉　沈文赫　刘向前　慕　童

　　　　胡　尊　张　军　叶桂成　苏清波　沈　翔　孟凡星

　　　　卢粤华　洪　靖　沈敬经　张静宇　崔　迪　罗红旭

　　　　李　宏　靳　静　陈忠茜　陈　涛　何关荣　黄属康

前　　言

建筑行业作为国民经济支柱行业之一，是典型的劳动密集型行业，随着持续发展理念的落实和科学技术水平的进步，传统生产作业方式越来越制约建筑行业的发展，产业结构调整升级势在必行。《中共中央　国务院关于进一步加强城市规划建设管理工作的若干意见》和《关于大力发展装配式建筑的指导意见》提出了大力发展装配式建筑的要求，力争用 10 年左右时间，使装配式建筑占新建建筑的比例达到 30%。

进入 21 世纪后，由于传统建筑质量缺陷、劳动力成本增加和国家节能环保要求等因素，装配式建筑成为建筑业转型升级的重要抓手。近年来，随着社会各界对装配式建筑的高度重视和大力推动，市场规模迅速扩大，对符合装配式建筑施工要求的人才需求日益迫切。伴随着工业化的进程，建筑工业化成为业界发展的必然方向，既适应了提升城市建设品质的需要，同时也契合了国家落实节能环保和科学发展观的理念。发展装配式建筑是建造方式的重大变革，有利于节约资源能源、减少施工污染、提升劳动生产效率和质量安全水平，有利于促进建筑业与信息化、工业化深度融合，培育新产业新动能，推动化解过剩产能。目前装配式建筑技术差异性较大，标准化程度较低，工装设备也不完善。没有达到工业化生产和施工的目的，由此带来安装质量不高，效率低下等问题。

针对以上情况，结合现场实际情况，在收集整理现有施工工艺的基础上，为满足装配式建筑施工现场专业管理人员和操作工人的需要，编写了《装配式建筑预制构件吊装工艺与应用》一书。本书是面向装配式建筑施工一线人员的技术指南，重点介绍了装配式混凝土结构的预制构件吊装工艺以及应用技术要点，旨在促进提高装配式建筑预制构件的安装效率和质量。

本书在编写过程中参考了国内外同类相关资料，已在参考文献中注明，在此一并向原作者表示感谢！感谢参与本书编写的各位编委，由于编者水平有限，书中难免存在不足之处，欢迎读者多提宝贵意见，共同为我国新型建筑工业化发展而努力。

编　者

2022 年 8 月

目　　录

1

装配式建筑概述

1.1 装配式建筑的发展

1.1.1 装配式建筑的发展历程

装配式建筑不是新生事物、新概念，现代建筑是工业革命和科技革命的产物，运用现代建筑技术、材料与工艺建造。装配式住宅发展大致经历了三个阶段：第一阶段是工业化形成的初期阶段，重点建立工业化生产（建造）体系；第二阶段是工业化的发展期，逐步提高产品（住宅）的质量和性价比；第三阶段是工业化发展的成熟期，进一步降低住宅的物耗和环境负荷，发展资源循环型住宅。实践证明，利用工业化的生产手段是实现住宅建设低能耗、低污染，达到资源节约、节省人工、提高品质和效率的根本途径。

1. 国外装配式建筑发展历程

由于国外的建造水平、建设模式、建设规模、当地资源等的不同，在装配式建筑技术的推广及应用方面各有侧重。欧洲是装配式建筑的发源地，早在 17 世纪就开始了建筑工业化之路。

法国装配式发展最悠久，具有 130 年的装配式建筑发展史，目前法国的预制装配率达到 80%，主要采用预应力混凝土装配式框架结构体系。

德国装配式住宅主要采取预制混凝土叠合板、剪力墙结构体系，耐久性较好，其公共建筑、商业建筑、集合住宅项目大多因地制宜，根据项目特点，选择现浇与预制混合建造体系或钢混结构体系建设实施，并不追求高比例装配率。近几年还提出发展零能耗的被动式建筑，将装配式住宅与节能充分融合。

丹麦早在 1960 年制定了工业化的统一标准，规定凡是政府投资的住宅建设项目必须按照此办法进行设计和施工，将建造发展到制造产业化。采用了大型混凝土预制板的装配式技术体系，装配式建筑部品部件的标准化逐步纳入瑞典的工业标准。

美国有近 100 年的装配式建筑发展历史，并早在 40 多年前就针对工业化建筑进行立法，出台了相关的行业规范，要求不仅要注重质量，更要注重美观。美国从 20 世纪初开始研究装配式建筑，其预制构件的特点是大型化和预应力相结合，优化结构配筋和连接构造，减少制作和安装工作量，缩短施工工期，充分体现工业化、标准化和技术经济性特征。住宅的结构类型以混凝土和钢结构为主，在小城镇多以轻钢结构、木结构体系为主。

加拿大装配式建筑与美国发展相似，目前装配式建筑多用在居住建筑，学校、医院、办公等公共建筑，停车库、单层工业厂房等建筑中。

日本借鉴欧美的成功经验，结合发展需求，在预制结构体系整体性抗震和隔震设计方面取得了突破性进展，装配式建筑的相关标准和规范也已相当完善。通过立法来保证混凝土构件的质量，在装配式住宅方面制定了一系列的方针政策和标准，同时也形成了统一的模数标准，解决了标准化、大批量生产和多样化需求这三者之间的矛盾。

2. 国内装配式建筑发展历程

我国的装配式建筑起步于 20 世纪 50 年代，新中国为了经济建设发展，首先向苏联学习工业厂房的标准化设计和预制建设技术，大量的重工业厂房多数是采用预制装配的方式进行建设的，预制混凝土排架结构发展得很好，预制柱、预制薄腹梁、预应力折线型屋架、鱼腹式吊车梁、预制预应力大型屋面板、预制外墙挂板被大量采用。

20 世纪 80 年代，国家发展重心从生产逐渐向生活过渡，城市住宅的建设需求量不断加大，为了实现快速建设供应，我国借鉴苏联和欧洲预制装配式住宅的经验，开始了装配式混凝土大板房的建设。但是这些装配式建筑由于抗震、漏水、保温等问题没有很好地解决而日渐式微。1999 年开始住房和城乡建设部实施国家康居住宅示范工程，鼓励在示范工程中采用先进适用的成套技术和新产品、新材料，引导并促进住宅的全面更新换代。20 世纪 90 年代以来，我国建筑业一直以现浇施工为主，预制装配式建筑案例较少，熟悉预制构件的技术和管理人才较少。生产预制构件所需要的模具、设备、配件产品匮乏，难以支撑建筑产业化发展的需要。经过十多年的积累和发展，目前涌现了一批专门从事装配式建筑研究的企业，可以为开发商、设计单位、构件厂、施工单位提供技术和产品支持。

进入 21 世纪后，由于传统建筑质量缺陷、劳动力成本增加和国家节能环保要求等因素，我国重新开启了装配式建筑的研究和发展，在政策推动下引起全国改革大潮。2021 年 10 月，中共中央、国务院印发了《关于完整准确全面贯彻新发展理念做好碳达峰碳中和工作的意见》，大力推动装配式建筑高质量发展，构建全方位的评价体系，促进装配式建筑产业链发展，探索人才队伍培养机制等可以推动传统建筑业从分散、落后的手工业生产方式，跨越到以现代技术为基础的社会化大工业生产方式。采用以标准化设计、工厂化生产、装配化施工、一体化装修和信息化管理等为主要特征的工业化生产方式建造的建筑，最主要的工业化生产方式是装配式建造，由预制部品部件在工地装配而成的建筑，有利于实现"提高质量、提高效率、减少人工、节能减排"目标，从而提高劳动生产率，改善作业环境，降低劳动力依赖，提升建筑业对实现"碳达峰、碳中和"目标的贡献度，是建筑行业转型发展的必由之路。

近年来装配式建筑在国家政策大力推动下迅速发展，随着国家装配式建筑技术标准陆续发布实施，涌现了一系列创新性研究和实践。但是，与国际可持续发展的装配式建筑建造方式的技术集成相比还有很大差距，仍处于研究探索与实践应用的转型发展时期。同时，仍存在着装配式建筑基本认识与顶层设计较片面、可持续发展模式转型与市场能力不足、新型建筑设计与建造理论方法及其建筑集成体系不完善、装配式部品部件产业化水平落后和全产业链能力低等一系列现实问题。新型生产建造方式的装配式建筑应该满足以下特征：实现建筑主体及内装体的全方位建筑标准化、生产工厂化、装修一体化、施工装配化、管理信息化和运维智能化。通过建筑体系的集成运用，实现绿色可持续发展；以高度灵活的空间构成为未来提供改变的可能,通过住宅的长寿化,为个人及社会创造优质资产,维持社会可持续发展;以优良丰富的部品与部件为载体,造就强大的生产建造产业链并形成良性循环,为高品质建设提供保障的同时,推动社会经济、产业发展。

1.1.2 装配式建筑的政策

随着我国新型城镇化战略和节能减排政策的实施,以劳动密集型、粗放建造方式为主的传统建筑业急需转型升级,作为技术密集型、具有绿色建造模式的装配式建筑,受到中央及地方各级政府的大力推广。"十三五"期间,国务院办公厅与住房和城乡建设部通过密集发文,明确了未来我国建筑业转型发展的主要目标,引导各地推进装配式建筑建设发展。2020年至2021年9月底,住房和城乡建设部及各省市住房和城乡建设厅等部门颁发装配式建筑相关鼓励政策总计20余项,在给予装配式建筑企业相关支持和优惠的同时,也对新建建筑中装配式建筑的占比提出要求。装配式建筑高效节能,践行自然、低碳、环保的发展原则,符合国家"低碳建筑"要求,是助力建筑行业实现"碳达峰碳中和"国家战略目标的重要技术路径。装配式建筑是建造方式的深度变革,有利于提高建筑品质,提升建筑业产值;有利于提高建设效率,改善劳动环境;有利于节能减排,践行建筑业绿色发展理念。

以京津冀、长三角、珠三角三大城市群作为重点推进地区,全面促进装配式建筑相关产业和市场发展。

1. 装配式建筑政策文件(表1-1)

装配式建筑相关重要政策文件　　　　　　　　　　　　　　　表1-1

政策文件名称	文件号
《住房和城乡建设部关于推进建筑业发展和改革的若干意见》	建市〔2014〕92号
《中共中央 国务院关于进一步加强城市规划建设管理工作的若干意见》	中共中央、国务院 2016年2月
《国务院办公厅关于大力发展装配式建筑的指导意见》	国办发〔2016〕71号
《国务院办公厅关于促进建筑业持续健康发展的意见》	国办发〔2017〕19号
《住房和城乡建设部关于印发〈"十三五"装配式建筑行动方案〉〈装配式建筑产业基地管理方式〉的通知》	建科〔2017〕77号
《住房和城乡建设部关于推进建筑垃圾减量化的指导意见》	建质〔2020〕46号
《住房和城乡建设部等部门关于推动智能建造与建筑工业化协同发展的指导意见》	建市〔2020〕60号
《住房和城乡建设部等部门关于加快新型建筑工业化发展的若干意见》	建标规〔2020〕8号
《关于完善质量保障体系提升建筑工程品质的指导意见》	国办函〔2019〕92号

装配式建筑相关技术标准见表1-2。

装配式建筑相关技术标准　　　　　　　　　　　　　　　　　表1-2

序号	标准、图集名称	标准、图集编号
1	《装配式混凝土结构技术规程》	JGJ 1—2014
2	《装配式混凝土建筑技术标准》	GB/T 51231—2016
3	《装配式钢结构建筑技术标准》	GB/T 51232—2016
4	《装配式木结构建筑技术标准》	GB/T 51233—2016

序号	标准、图集名称	标准、图集编号
5	《装配式建筑评价标准》	GB/T 51129—2017
6	《装配式住宅建筑设计标准》	JGJ/T 398—2017
7	《预制预应力混凝土装配整体式框架结构技术规程》	JGJ 224—2010
8	《钢筋套筒灌浆连接应用技术规程》	JGJ 355—2015
9	《钢筋锚固板应用技术规程》	JGJ 256—2011
10	《预制带肋底板混凝土叠合楼板技术规程》	JGJ/T 258—2011
11	《整体预应力装配式板式结构技术规程》	CECS 52:2010
12	《钢筋机械连接装配式混凝土结构技术规程》	CECS 444:2016
13	《装配式混凝土结构住宅建筑设计示例(剪力墙结构)》	15J939-1
14	《装配式混凝土结构表示方法及示例(剪力墙结构)》	15G107-1
15	《装配式混凝土结构连接节点构造》	G310-1～2
16	《预制混凝土剪力墙外墙板》	15G365-1
17	《预制混凝土剪力墙内墙板》	15G365-2
18	《桁架钢筋混凝土叠合板(60mm 厚底板)》	15G366-1
19	《预制钢筋混凝土板式楼梯》	15G367-1
20	《预制钢筋混凝土阳台板、空调板及女儿墙》	15G368-1
21	《装配式混凝土剪力墙结构住宅施工工艺图解》	16G906
22	《预应力混凝土叠合板》	06SG439-1
23	《装配式住宅建筑设计标准》图示	18J820

2016 年 2 月 21 日,中共中央、国务院发布《关于进一步加强城市规划建设管理工作的若干意见》明确提出,发展新型建造方式。大力推广装配式建筑,减少建筑垃圾和扬尘污染,缩短建造工期,提升工程质量;制定装配式建筑设计、施工和验收规范;完善部品部件标准,实现建筑部品部件工厂化生产;鼓励建筑企业装配式施工,现场装配;建设国家级装配式建筑生产基地,加大政策支持力度,力争用 10 年左右时间,使装配式建筑占新建建筑的比例达到 30%。重点推进地区引领发展,其他地区也呈规模化发展局面。根据文件划分,京津冀、长三角、珠三角三大城市群为重点推进地区,常住人口超过 300 万的其他城市为积极推进地区,其余城市为鼓励推进地区。从各区域发展情况看,我国装配式建筑重点推进地区(京津冀、长三角、珠三角三大城市群)引领发展,其他地区呈规模化发展局面(图 1-1)。

《国务院办公厅关于大力发展装配式建筑的指导意见》要求,逐步完善法律法规、技术标准和监管体系,推动形成一批设计、施工、部品部件规模化生产企业,具有现代装配建造水平的工程总承包企业以及与之相适应的专业化技能队伍。经过多年的实践积累,装配式混凝土建筑形成了多种类型的技术体系,建立了结构、围护、设备管线、装修相互协调的相对完整产业链。2019 年,住房和城乡建设部发布了《装配式混凝土建筑技术体系发展指南(居住建筑)》,科学引导各地装配式混凝土技术发展方向。

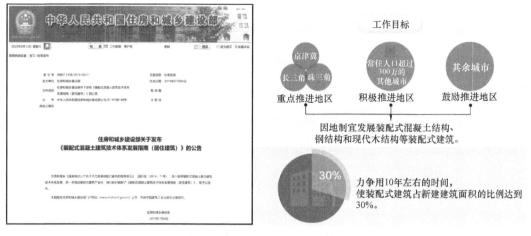

图 1-1　装配式建筑重点推进地区规模化发展局面

2. 国内装配式建筑现状

2017—2019 年三年的统计数据表明，重点推进地区新开工装配式建筑面积分别为 7511 万 m^2、13538 万 m^2、19678 万 m^2，占全国的比例分别为 46.9％、46.8％、46.9％。其中，2019 年重点推进地区新开工装配式建筑占全国的比例为 46.9％，积极推进地区和鼓励推进地区新开工装配式建筑占全国比例的总和为 52.9％，装配式建筑在东部发达地区继续引领全国的发展，同时，其他省市也逐渐呈规模化发展局面。2020 年重点推进地区占全国的比例进一步提高，达到 54.6％，其中，上海市新开工装配式建筑占新建建筑的比例为 91.7％，北京市 40.2％，天津市、江苏省、浙江省、湖南省和海南省均超过30％。这些地区装配式建筑政策措施支持力度大，产业发展基础好，形成了良好的政策氛围和市场发展环境（图 1-2）。

图 1-2　装配式建筑开工情况

2019 年全国新开工装配式建筑 4.2 亿 m^2，较 2018 年增长 45％，占新建建筑面积的比例约为 13.4％。预计到 2025 年全国装配式建筑面积将达到 20.71 亿 m^2，京津冀、长三角、珠三角等重点推进地区新开工装配式建筑占全国的比例约 70％。2021 年国内装配式建筑构件生产规模企业 1200～1500 家。全国共创建国家级装配式建筑产业基地 328 个，省级产业基地 908 个。近年来装配式建筑呈现良好发展态势，在促进建筑产业转型升级、推动城乡建设领域绿色发展和高质量发展方面发挥了重要作用。近年来，装配式建筑在商品房中的应用逐步增多。2019年新开工装配式建筑中，商品住房为1.7亿m²，保障性住房0.6亿m²，公共建筑0.9亿m²，分别占新开工装配式建筑的40.7%、14%和21%。上海市2019年新开工装配式建筑面积3444万m²，占新建建筑的比例达86.4%；北京市1413万m²，占比为26.9%；湖南省1856万m²，占比为26%；浙江省7895万m²，占比为25.1%。江苏、天津、江西等地装配式建筑在新建建筑中占比均超过20%。2021年，广东省新开工装配式建筑面积7349.52万m²，较2020年增长29%，占新建建筑面积的18.35%。其中，重点推进地区新开工装配式建筑6612.65万m²，较2020年增长26%，占新建建筑面积的22.77%；积极推进地区新开工装配式建筑283.54万m²，较2020年增长25%，占新建建筑面积的6.13%；鼓励推进地区新开工装配式建筑453.33万m²，较2020年增长96%，占新建建筑面积的7.1%（图1-3）。

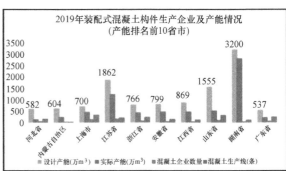

图1-3 近四年装配式建筑预制构件产业发展情况

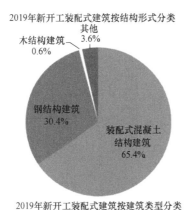

在结构形式上，近年我国的装配式建筑结构以混凝土结构为主，在装配式混凝土住宅建筑中以剪力墙结构形式为主。2019年，新开工装配式混凝土结构建筑2.7亿m²，占新开工装配式建筑的比例为65.4%；钢结构建筑1.3亿m²，占新开工装配式建筑的比例为30.4%；木结构建筑242万m²，其他混合结构形式装配式建筑1512万m²。2020年新开工装配式混凝土结构建筑4.3亿m²，较2019年增长59.3%，占新开工装配式建筑的比例为68.3%（图1-4）。

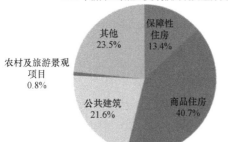

图1-4 2019年新开工装配式建筑按结构形式、按建筑类型分类情况

然而由于设计环节缺乏标准化和模数化的理念指导，导致实际应用中不同规格尺寸的构件多，模具用量大，通用化生产水平低，生产、堆放、运输、安装等各个环节的管理相对困难，生产效率低，模具摊销成本和人工成本高，装配式建筑优势在现阶段未能凸显。其次，多数地区工程

总承包相关政策指导文件尚不明确，具有承接工程总承包能力的企业数量不足，导致EPC工程总承包的装配式建筑项目数量较少，未能实现建筑整体效益的最大化。与此同时，BIM数字信息化技术在装配式建筑中的应用推进缓慢，基本还停留在设计或展示层面，缺少对全产业链的统筹应用。针对各地普遍反映的标准化程度不高制约了装配式建筑发展的突出问题，住房和城乡建设部标准定额司组织编制完成了《装配式住宅设计选型标准》《装配式混凝土结构住宅主要构件尺寸指南》《住宅装配化装修主要部品部件尺寸指南》等，结合2020年发布的《钢结构住宅主要构件尺寸指南》，构建"1+3"标准化设计和生产体系，引导生产企业与设计单位、施工单位就构件和部品部件的常用尺寸进行协调统一，发挥标准化引领作用，提高装配式建筑设计、生产、施工效率，进一步推动全产链协同发展。

综合上述，国外装配式建筑起步较早，装配式建筑的结构体系研究有着较为深厚的积累，行业规范标准和政府政策较为完善，被动节能技术与装配式技术相结合共同打造绿色建筑的方式也值得学习。我国近几年也在装配式建筑领域取得了优异的成绩。我国的建设规模更大、建筑类型更多、项目管理更为复杂，不能照搬国外经验。因此，借鉴国内外先进经验，研究并形成一套适用于当地设计、生产和施工水平的装配式建筑实施导则，指导装配式建筑的推进十分有必要，也是推动我国装配式建筑发展的必经之路。

1.1.3 发展装配式建筑的意义

《国务院办公厅关于大力发展装配式建筑的指导意见》指出：发展装配式建筑是建造方式的重大变革，是推进供给侧结构性改革和新型城镇化发展的重要举措，有利于节约资源能源、减少施工污染、提升劳动生产效率和质量安全水平，有利于促进建筑业与信息化工业化深度融合、培育新产业新动能、推动化解过剩产能。装配式建筑较传统建筑的优势核心是"两提两减"，即"提升工程质量和施工效率，减少施工现场用工，减少对环境污染"，实现绿色生产和高质量发展。

装配式建筑是指采用部件部品，在施工现场以可靠连接方式装配而成的建筑，具有设计标准化、生产工厂化、施工装配化、装修一体化、管理信息化等特征，装配式建筑包括预制混凝土结构、钢结构和木结构以及混合结构等多种类型。发展装配式建筑是牢固树立和贯彻落实创新、协调、绿色、开放、共享新发展理念，按照适用、经济、安全、绿色、美观要求推动建造方式创新的重要体现，是稳增长、促改革、调结构的重要手段。在全面推进生态文明建设、加快推进新型城镇化，特别是实现中国梦的进程中，推动建造方式革新、推进装配式建筑发展意义重大。

装配式建筑是建筑在建造方式上的重大变革。"第二次世界大战"后，发达国家为适应大规模快速建设住房的需求和全面提高建筑质量、品质的需要，广泛采用装配式建造方式。我国目前建筑行业施工方式仍以现场浇筑作业为主，装配式建筑比例低，与国际先进水平相比差距甚大。为牢固树立和贯彻落实创新、协调、绿色、开放、共享的发展理念，国务院发布了《关于大力发展装配式建筑的指导意见》《关于促进建筑业持续健康发展的意见》，对装配式建筑发展提出指导目标和方案（图1-5）。

1. 发展装配式建筑是落实党中央国务院决策部署的重要举措

2017年5月，住房和城乡建设部发布的《建筑业发展"十三五"规划》中涵盖工程

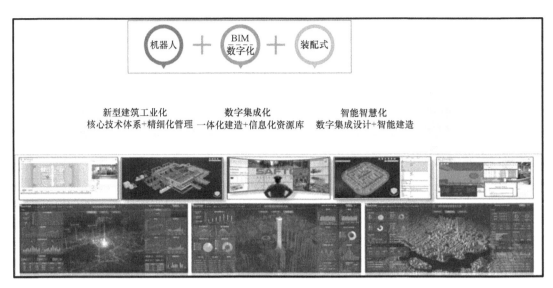

图 1-5 装配式建筑综合发展展示

勘察、设计、建筑节能与技术进步等方面的监督管理工作。该规划确定了建筑节能及绿色建筑发展的目标，提出城镇新建民用建筑全部达到节能标准要求。到 2020 年，城镇绿色建筑占新建建筑比重达到 50%，新开工全装修成品住宅面积达到 30%，绿色建材应用比例达到 40%。装配式建筑面积占新建建筑面积比例达到 15%。国务院常务会议上强调，要按照推进供给侧结构性改革和新型城镇化发展的要求，大力发展钢结构、混凝土等装配式建筑，具有发展节能环保新产业、提高建筑安全水平、推动化解过剩产能等一举多得之效。国务院出台的《大力发展装配式建筑的指导意见》，更是全面系统指明了推进装配式建筑的目标、任务和措施。

2. 发展装配式建筑是助力"碳达峰""碳中和"的国家战略目标

2020 年 7 月，住房和城乡建设部、国家发展改革委等七部门发布的《绿色建筑创建行动方案》提出，到 2022 年，当年城镇新建建筑中绿色建筑面积占比达到 70%，星级绿色建筑持续增加，既有建筑能效水平不断提高，住宅健康性能不断完善，装配化建造方式占比稳步提升，绿色建材应用范围进一步扩大。各地也出台了相关文件，明确了绿色建筑的发展目标。装配化建造方式、超低能耗建筑和近零能耗建筑、新型建材等，都蕴藏了不少发展机会。相比传统建造方式，装配式建筑可以节水 90%，降低 70% 的废物、废渣以及大气污染。

在第七十五届联合国大会提出"我国二氧化碳排放力争于 2030 年前达到峰值，努力争取 2060 年前实现碳中和"。"碳达峰"和"碳中和"两个目标是实现绿色可持续发展的重要指引，是减缓全球变暖、推进全球气候治理的积极举措，是构建人类命运共同体的责任担当。装配式建筑高效节能，践行自然、低碳、环保的发展原则，研究表明全生命周期降低碳排放或可超过 40%，符合国家"低碳建筑"要求，是实现建筑行业"碳达峰""碳中和"的重要技术路径。建筑工业化是建筑业生产方式的重大变革，形成建筑设计、生产、施工和管理一体化的关键形式和载体是装配式建筑，为此我国也密集出台各类政策，从技术、投资、人才培养、基础设施建设等多方面大力扶持，激励行业组织和企业从建筑工业化的角度提质增效，加速转型升级。如何以质量基础设施为框架，打好装配式建筑的基础，进而保证建筑工业化在组织机构建设、项目落实、技术体系建设、产能、示范和产业基地等方面能够顺利推进是摆在政府、建筑业企业、构件厂、相关服务机构的一项重要议题。如何通过联动创新机制提升装配式建筑更好地发展也是各级地方政府、企业关注的重点。

我国经济粗放式发展的局面并未根本转变。特别是建筑业普遍采用的现场浇（砌）筑方式，资源能源利用效率低，建筑垃圾排放量大，扬尘和噪声环境污染严重。不从根本上改变，这种粗放建造方式带来的资源能源过度消耗和浪费将无法扭转，经济增长与资源能源的矛盾会更加突出，并将极大地制约中国经济社会的可持续发展。装配式建筑在节能、节材和减排方面的成效已在实际项目中得到证明。装配式建筑相比现浇建筑，建造阶段可以大幅减少木材模板、保温材料（寿命长，更新周期长）、抹灰水泥砂浆、施工用水、施工用电的消耗，并减少80%以上的建筑垃圾排放，减少碳排放和对环境带来的扬尘和噪声污染，有利于改善城市环境、提高建筑综合质量和性能、推进生态文明建设。

3. 发展装配式建筑是促进当前经济稳定增长的重要措施

我国经济增长将从高速转向中高速，经济下行压力加大，建筑业面临改革创新的重大挑战，发展装配式建筑正当其时。一是，可催生众多新型产业。装配式建筑的重要特点就是量大面广，产业链条长，产业分支众多。发展装配式建筑能够为部品、部件生产、专用设备制造、物流产业、信息产业等相关企业形成新的市场需求，有利于促进产业再造和增加就业。特别是随着产业链条向纵深和广度发展，将带动更多的相关配套企业应运而生。二是，拉动投资。发展装配式建筑必须投资建厂，建筑装配生产所需要的部品部件，能带动大量社会投资涌入。三是，提升消费需求。集成厨房和卫生间、装配式全装修、智能化以及新能源的应用等将促进建筑产品的更新换代，带动居民和社会消费增长。四是，带动地方经济发展。从国家住宅产业现代化试点城市发展经验看，凭着引入"一批企业"，建设"一批项目"，带动"一片区域"，形成"一系列新经济增长点"，发展装配式建筑有效促进区域经济快速增长。

4. 发展装配式建筑是带动技术进步、提高生产效率的有效途径

随着我国工业化、城镇化快速推进，劳动力减少、高素质建筑工人短缺的问题越来越突出，建筑业发展的"硬约束"加剧，劳动力价格不断提高，同时建造方式传统粗放，工业化水平不高，技术工人少，劳动效率低下。采用装配式建造方式，会"倒逼"标准化设计、部件部品生产、现场装配、工程施工等环节，促进建筑行业摆脱低效率、高消耗的粗放建造模式，走依靠科技进步、提高劳动者素质、创新管理模式、内涵式、集约式发展道路。

装配式建筑在工厂里预制生产大量部品部件，生产效率远高于手工作业；工厂生产不受恶劣天气等自然环境的影响，工期更为可控；施工装配大大减少了传统现浇施工现场大量和泥、抹灰、砌墙等湿作业；交叉作业方便有序，提高了劳动生产效率，可以缩短1/4左右的施工时间。此外，装配式建造方式还可以减少约30%的现场用工数量。通过生产方式转型升级，减轻劳动强度，提升生产效率，摊薄建造成本，有利于突破建筑业发展瓶颈，全面提升建筑产业现代化的发展水平。

5. 发展装配式建筑是实现"一带一路"发展目标的重要路径

在经济全球化大背景下，要在巩固国内市场份额的同时，主动"走出去"参与全球分工，在更大范围、更多领域、更高层次上参与国际竞争，特别是在"一带一路"倡议中，采用装配式建造方式，有利于与国际接轨，提升核心竞争力，利用全球建筑市场资源服务自身发展。

装配式建筑将工业化生产和建造过程与信息化紧密结合，应用大量新技术、新材料、新设备，强调科技进步和管理模式创新，注重提升劳动者素质，注重塑造企业品牌和形象，并以此形成企业的核心竞争力和先发优势，能够彻底转变以往建造技术水平不高、科技含量较低、单纯拼劳动力成本的竞争模式。采用工程总承包方式，重点进行方案策划、在前期阶段，介入一体化设计先进理念，注重产业集聚，在国际市场竞争中补"短板"。同时，发展装配式建筑将促进企业苦练内功，携资金、技术和管理优势抢占国际市场，依靠工程总承包业务带动国产设备、材料的出口，在参与经济全球化竞争过程中取得先机。

6. 发展装配式建筑是全面提升住房质量和品质的必由之路

发展装配式建筑，主要采取以工厂生产为主的部品制造取代现场建造方式，工业化生产的部品部件质量稳定；以装配化作业取代手工砌筑作业，能大幅减少施工失误和人为错误，保证施工质量；装配式建造方式可有效提高产品精度，解决系统性质量通病，减少建筑后期维修维护费用，延长建筑使用寿命。采用装配式建造方式，能够全面提升住房品质和性能，让人民群众共享科技进步和供给侧结构性改革带来的发展成果，并以此带动居民住房消费，在不断的更新换代中，走向中国住宅梦的发展道路。

7. 推动建筑行业可持续发展

一是，有利于提高建筑品质，提升建筑业产值。装配式建筑将工地现场作业为主的建造方式转变为工厂制造为主，通过标准化的工序提高了结构主体精度和质量，同时协同各专业接口标准，精确预留预埋，保证了构件安装的精确度，减少渗漏和墙体开裂的风险；装配式建筑通过集成外围护、保温、门窗、装修、机电设备管线等环节进行一体化设计、制造，全面提升建筑性能，有利于形成产业链、培育新的产业集群，直接激发建筑业、建材业、制造业、运输业等的发展，成为新的经济增长点。

二是，有利于提高建设效率，改善劳动环境。装配式建筑通过三维信息模型协同建筑、结构、机电专业，避免了错漏碰缺等通病导致的二次返工；采用机械化的生产和装配施工方式，将施工周期缩短 5%～10%，大大提高了建设效率；将大部分现场作业转入工厂生产，缓解了进城务工人员短缺问题，降低了安全事故的发生率。

三是，有利于节能减排，践行建筑业绿色发展理念。发展装配式建筑，有利于节约资源、保护环境、减少污染。通过采用装配式建筑建造的项目与传统建造方式对比，模板用量减少约 85%，脚手架用量减少约 60%，抹灰工程量减少约 25%，节水约 40%，节电约10%，耗材节约 40%，施工现场垃圾减少约 70%，现场作业的粉尘、噪声、污水大大减少，符合国家节能减排和绿色发展的目标。

我国建筑业的快速发展为装配式建筑的发展带来新机遇新挑战，装配式建筑行业本身是一个需要大量技术支持和规模化效应的行业，无论是设计还是设备制造亦或者生产安装，都需要成熟的技术做支撑。在国家大力支持鼓励装配式发展的热潮之下，装配式结构施工及吊装工艺是建设发展的重要环节。预制装配式混凝土结构的施工主要包括预制构件制作、预制构件运输与堆放、预制构件安装与连接三个施工阶段。随着装配式建筑工程规模的逐渐增大，从事装配式建筑研发、设计、生产和施工等环节的从业人员，无论是数量还是素质均已经无法满足装配式建筑的市场需求。为应对建筑业经济结构的转型升级、供给侧结构性改革及行业发展趋势，加强装配式建筑预制构件吊装技术推广应用具有积极的意义（图1-6）。

图 1-6　预制叠合板吊装过程

装配式建筑工程的施工和传统施工方法的最大差别在于增加了大量的吊装作业，而吊装作业是需要由运输这些大型预制构件的设备来配合的。因此吊装作业在装配式工程施工里至关重要，同时也是重难点之一。以住宅类工程为例，大型的预制构件通常出现在山墙、楼梯间等部位。这一类的构件重量轻则 4～5t，重则 6～7t，构件的重量会对大型垂直运输设备的选择和布置提出更高要求。所以，如何将大型设备布置得合理、得当，对于整个工程顺利实施、成本的控制，施工效率的提升会有非常重要的影响。垂直运输设备的选择及安排在装配式建筑施工管理中是重难点之一。

2020 年 7 月 28 日，住房和城乡建设部等十三部门联合印发的《关于推动智能建造与建筑工业化协同发展的指导意见》提出，要大力发展装配式建筑，推动建立以标准部品为基础的专业化、规模化、信息化生产体系。探索适用于智能建造与建筑工业化协同发展的新型组织方式、流程和管理模式。装配式建筑企业与质量管理体系的融合、装配式建筑运营与信息化智能化数字化系统的融合已经成为装配式建筑发展良好区域重点思考和拓展的方向。人员成本和人口红利都对装配式建筑发展起到促进作用。装配式建筑发展的深层次原因均是由于劳动力紧缺、人工成本上升等因素导致的。通过工厂化的生产，人力成本可以显著降低，据欧洲国家统计，按传统建筑方法，每平方米建筑面积约 2.25 工日，而装配式建筑施工只用 1 个工日，可节约人工 25%～30%，降低造价 10%～15%，缩短工期 50%左右。工业化、信息化和智能化是共同目标，最大化地提升了装配式建筑的集成效率和智能化水平。

从政策、跨学科多专业、国际发展、行业历程以及发展趋势等方面来看装配式建筑混凝土结构的发展意义：

（1）提高工程质量和施工效率。通过标准化设计、工厂化生产、装配化施工，减少了人工操作和劳动强度，确保了构件质量和施工质量，从而提高了工程质量和施工效率。

（2）减少资源、能源消耗，减少建筑垃圾，保护环境。由于实现了构件生产工厂化，材料和能源消耗均处于可控状态；建造阶段消耗建筑材料和电力较少。施工扬尘和建筑垃圾大幅度减少。

（3）缩短工期，提高劳动生产率。由于构件生产和现场建造在两地同步进行，建造、装修和设备安装一次完成，相比传统建造方式大大缩短了工期，能够适应目前我国大规模的城市化进程。

（4）转变建筑工人身份，促进社会和谐、稳定。现代建筑产业减少了施工现场临时工的用工数量，并使其中一部分工人进入工厂，变为产业工人，助推城镇化发展。

（5）减少施工事故。与传统建筑相比，产业化建筑建造周期短、工序少、现场工人需求量小，可进一步降低发生施工事故的概率。

（6）施工受气象因素影响小。产业化建造方式大部分构配件在工厂生产，现场基本为装配作业，且施工工期短。受降雨、大风、冰雪等气象因素的影响较小。

（7）随着新型城镇化的稳步推进，人民生活水平的不断提高，全社会对建筑品质的要求也越来越高。与此同时，能源和环境压力逐渐加大，建筑行业竞争加剧。建筑产业现代化对推进建筑业产业升级和发展方式转变，促进节能减排和民生改善，推动城乡建设走上绿色、循环、低碳的科学发展轨道，实现经济社会全面、协调、可持续发展，不仅意义重大，更迫在眉睫。

装配式建筑行业的关注点在项目实施、技术应用、构件工厂落地、标准规范实施四个方面。总体来看装配式建筑发展重点方向为：以政府主导的保障性住房和公共建筑为主，越来越多的经济主体开始看好并进入该领域；装配式建筑企业更加注重自身品牌、管理水平和产品质量；项目推进方式以 EPC 模式为主，更加高效系统；结构体系发展丰富多元，但仍以混凝土结构为主，钢结构住宅体系发展迅猛；智能化、数字化与装配式建筑紧密结合，建筑工业化进程有望实现加速和跨越式发展。

总之，伴随着工业化的进程，建筑工业化成为业界发展的必然方向。虽然总体上看，装配式建筑的现场安装设备机械化程度仍显不够，预制构件现场安装效率偏低。装配式施工技术差异性较大，标准化程度较低，工装设备也不完善，在工具工装方面，缺少专业设备。没有达到工业化生产和施工的目的，由此带来安装质量不高，效率低下等问题。但是，装配式建筑是建造方式的深度变革，是建筑产业现代化的重要内容，是建筑走向工业化、信息化和智能化的前提条件，具有"质量好、效率高、能源省"的优势，对建筑行业可持续发展具有重要意义（图 1-7）。

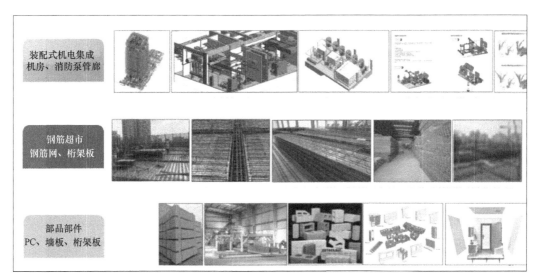

图 1-7　装配式全产业链

1.2　装配式建筑的基本概念

　　装配式建筑，是指把传统建造方式中的大量现场作业工作转移到工厂进行，在工厂加工制作好建筑用品部件，如楼板、墙板、楼梯、阳台等，运输到建筑施工现场，通过可靠的连接方式在现场装配安装而成的建筑。装配式建筑主要包括装配式混凝土结构、装配式钢结构及现代木结构等。装配式建筑采用标准化设计、工厂化生产、装配化施工、一体化装修、信息化管理、智能化应用，属于现代工业化生产方式。装配式建筑，也是指结构系统、外围护系统、设备或管线系统、内装系统的主要部分采用预制部品部件集成的建筑。装配式混凝土结构适用于住宅建筑和公共建筑。在装配式混凝土建筑中，预制率和装配率是两个不同的概念。根据《装配式混凝土结构技术规程》JGJ 1 规定，装配整体式结构房屋的最大适用度如表 1-3 所示。

装配整体式结构房屋的最大适用高度（单位：m）　　　表 1-3

结构类型	非抗震设计	抗震设防烈度			
		6 度	7 度	8 度(0.2g)	8 度(0.3g)
装配整体式框架结构	70	60	50	40	30
装配整体式框架-现浇剪力墙结构	150	130	120	100	80
装配整体式剪力墙结构	140(130)	130(120)	110(100)	90(80)	70(60)
装配整体式部分框支剪力墙结构	120(110)	110(100)	90(80)	70(60)	40(30)

1.2.1　装配式混凝土结构体系

1. 结构体系

装配式混凝土建筑根据结构体系可分为装配整体式框架结构、装配整体式剪力墙结构、装配整体式框架-剪力墙结构。从结构形式角度，装配式混凝土结构主要分为框架结构、框架支撑结构、剪力墙结构、框架-剪力墙结构、框架-核心筒结构等，目前应用最多的是剪力墙结构体系，其次是框架结构、框架支撑结构、框架-剪力墙结构体系。预制围护构件的种类可分为预制外挂墙板、单层叠合剪力墙（PCF）、双层叠合剪力墙、预制保温叠合外墙板（PCTF）、预制夹心保温墙板、预制剪力墙外墙板、预制围护墙板、全预制女儿墙。相比于其他结构体系，装配式混凝土框架结构的主要特点是：连接节点单一、简单，结构构件的连接可靠并容易得到保证，方便采用等同现浇的设计理念；布置灵活，容易满足不同的建筑功能需求；结合外墙板、内墙板、预制楼板或预制叠合楼板，预制率可以达到很高水平，很适合建筑工业化发展。装配式混凝土建筑，是指建筑的结构系统由混凝土部件（预制构件）构成的装配式建筑。一个单体建筑要称之为"装配式建筑"，除结构构件之外，其外围护系统、设备或管线系统、内装系统还需要满足国家标准《装配式建筑评价标准》GB/T 51129 的要求（图1-8～图1-10）。

图 1-8　装配式建筑金属桁架楼承板与双 T 板应用

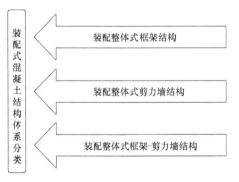
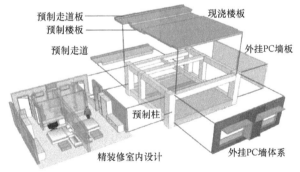

图 1-9　装配式建筑混凝土结构体系

装配式混凝土框架结构根据构件形式及连接形式，大致可以分为以下两种：框架柱现浇，梁、楼板、楼梯等采用预制叠合构件或预制构件；框架梁、柱均采用预制构件，节点刚性连接，性能接近于现浇框架结构，即装配整体式框架结构体系。装配式框架结构的外围护结构通常采用预制混凝土外挂墙板体系，楼面体系主要采用预制叠合楼板，楼梯为预制楼梯。装配式框架结构的适用高度较低，适用于低层、多层和高度适中的高层建筑，其最大适用高度低于剪力墙结构或框架-剪力墙结构。因此，装配式混凝土框架在我国内地

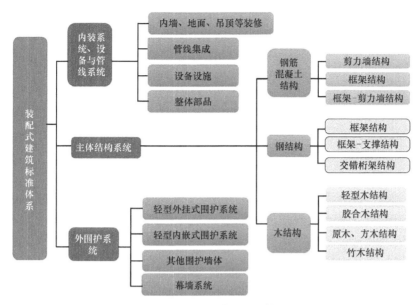

图 1-10　装配式建筑标准体系

主要应用于厂房、仓库、商场、停车场、办公楼、教学楼、医务楼、商务楼等建筑，这些建筑要求具有开敞的大空间和相对灵活的室内布局，同时对于建筑总高度的要求相对适中，但是目前装配式框架结构较少应用于居住建筑。

装配式混凝土框架结构根据受力构件的预制及连接方式，国内的装配式剪力墙结构体系可分为：装配整体式剪力墙结构体系、叠合剪力墙结构体系、多层剪力墙结构体系等。装配整体式剪力墙结构体系应用较多，适用的房屋高度最大；多层剪力墙结构目前应用较少，但基于其高效、简便的特点，在新型城镇化的推进过程中前景广阔。

（1）装配整体式剪力墙结构体系

装配整体式剪力墙结构是住宅建筑中常见的结构体系，装配整体式剪力墙结构中，全部或者部分剪力墙（一般多为外墙）采用预制构件，其传力途径为楼板→剪力墙→基础→地基。构件之间拼缝采用湿式连接，结构性能和现浇结构基本一致，主要按照现浇结构的方法进行设计。结构中一般采用预制叠合板及预制楼梯，各层楼面和屋面设置水平现浇带或者圈梁。预制墙中竖向接缝的存在对剪力墙刚度有一定影响，考虑到安全因素，结构整体适用高度有所降低。采用剪力墙结构的建筑物室内无突出于墙面的梁、柱等结构构件，室内空间规整。剪力墙结构的主要受力构件剪力墙、楼板及非受力构件墙体、外装饰等均可预制（图 1-11、图 1-12）。

国内主要的装配整体式剪力墙结构体系中，主要技术特征在于剪力墙构件之间的接缝连接形式。各体系中，预制墙体竖向接缝的构造形式基本类似，均采用后浇混凝土段连接预制构件，墙板水平钢筋在后浇段内锚固或者连接，具体的锚固方式有所不同。各种技术体系的主要区别在于预制剪力墙构件水平接缝处竖向钢筋的连接技术以及水平接缝的构造形式。技术特点：预制构件标准化程度较高，预制墙体构件、楼板构件均为平面构件，生产、运输效率较高；竖向连接方式采用螺栓连接、灌浆套筒连接、浆锚搭接等连接技术；水平连接节点部位后浇混凝土；预制剪力墙 T 形、十字形连接节点钢筋密度大，操作难度较高。

图 1-11　预制墙板吊装

图 1-12　装配式建筑施工吊装

（2）现浇剪力墙结构工业化技术体系

现浇剪力墙结构配外挂墙板技术体系的主体结构为现浇结构，其房屋适用高度、结构计算和设计构造完全与现浇剪力墙相同。通过外围护墙预制实现外墙保温装饰一体化、门窗标准化、无外架施工，内墙采用铝模等方式实现工业化建造。

（3）叠合板混凝土剪力墙结构体系

叠合板混凝土剪力墙结构主要引进德国的技术，为了满足我国国情，对其进行了改良和创新技术研发。该体系已有湖北省、安徽省、湖南省等地方标准，适用于抗震设防烈度为 7 度及以下地区和非抗震区的高度不超过 60m、层数在 18 层以内的混凝土建筑。

（4）多层剪力墙结构体系

多层装配式剪力墙结构技术适用于 6 层及以下的丙类建筑，3 层及以下的建筑结构甚至可采用多样化的全装配式结构技术体系。随着我国城镇化的稳步推进，可以预见，多样化的低层、多层装配式剪力墙结构技术体系将在我国乡镇及小城市中得到大量应用，具有良好的研发和应用前景。

（5）框架-剪力墙结构

框架-剪力墙结构是由框架和剪力墙共同承受竖向和水平作用的结构，兼有框架结构和剪力墙结构的特点，体系中剪力墙和框架布置灵活，较易实现大空间和较高的适用高度，可以满足不同建筑功能的要求，广泛应用于居住建筑、商业建筑、办公建筑、工业厂房等，便于用户进行个性化室内空间的改造。技术特点：结构的主要抗侧力构件剪力墙一般为现浇，第二道抗震防线框架为预制，则预制构件标准化程度较高，预制柱、梁构件、楼板构件均为平面构件，生产、运输效率较高。根据预制构件部位的不同，可分为预制框架-现浇剪力墙结构、预制框架-现浇核心筒结构、预制框架-预制剪力墙结构 3 种形式。

（6）装配式整体式框架结构

框架结构中全部或部分框架梁、柱采用预制构件建成的装配整体式混凝土结构，简称装配整体式框架结构。装配整体式框架结构是常见的结构体系，主要应用于空间要求较大的建筑，如商店、学校、医院等。框架结构的主要受力构件梁、柱、楼板及非受力构件墙体、外装饰等均可预制。预制构件种类一般有全预制柱、全预制梁、叠合梁、预制板、叠合板、预制外挂墙板、全预制女儿墙等。技术特点：预制构件标准化程度高，构件种类较少，各类构件重量差异较小，起重机械性能利用充分，技术经济合理性较高；建筑物拼装节点标准化程度高，有利于提高工效；钢筋连接及锚固可全部采用统一形式，机械化施工程度高、质量可靠、结构安全、现场环保等特点。但是，节点钢筋密度大，要求加工精度高，操作难度较大。

2. 装配式住宅系统

装配式建筑主要由主体结构系统、外围护系统、设备与管线系统、内装系统四大系统采用预制部品部件集成的建筑（图 1-13、图 1-14）。

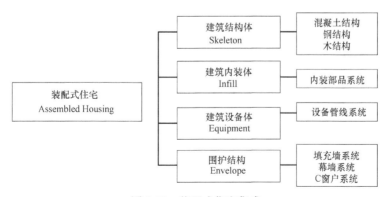

图 1-13 装配式住宅集成

（1）结构系统

1）装配式框架体系——装配式框架结构是部分或全部框架梁、柱采用预制构件，通

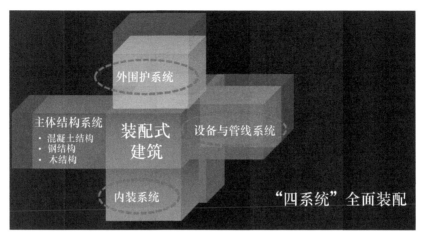

图 1-14 装配式建筑"四系统"示意图

过可靠的方式进行连接并与现场后浇混凝土、水泥基灌浆料形成整体的框架结构。适用 60m 以下的公寓、办公、酒店、学校等较为规整的民用建筑、工业厂房。

2）装配式全预制剪力墙体系——装配全预制剪力墙结构将主要受力构件剪力墙墙体、梁、板部分或全部由预制混凝土构件（预制墙板、叠合梁、叠合板）制作，在施工现场进行拼装，采用墙板间竖向连接缝现浇、上下墙板间主要竖向受力钢筋灌浆套筒连接而形成整体的一种结构形式。适用多层、高层建筑，比如保障房、商品房住宅等。

3）叠合剪力墙（PCF）体系——叠合剪力墙（PCF）体系通过对预制剪力墙外墙进行预制，并将其作为现浇剪力墙的外模板（一般取外墙内侧现浇剪力墙厚 200mm＋外侧 PCF 厚 80mm），PCF 部分在设计计算时不作为承重结构，不参与主体结构的受力计算。适用多层、高层建筑，比如保障房、商品房住宅等。

4）双面叠合式剪力墙结构体系——叠合板式剪力墙结构体系，是指由叠合式墙板和叠合式楼板，辅以必要的现浇混凝土剪力墙、边缘构件、梁、板，共同形成的剪力墙结构。其中叠合式墙板是由两层预制板与格构钢筋制作而成，现场安装就位后，在两层板中间浇筑混凝土并采取规定的构造措施，同时整片剪力墙与暗柱等边缘构件通过现浇连接，形成预制与后浇之间的整体连接。适用多层、高层建筑，比如保障房、商品房住宅等。

5）装配式框架-剪力墙（核心筒）体系——装配式框架-剪力墙（核心筒）结构体系结合了框架结构平面布置灵活、拥有较大的使用空间的优势，又利用了剪力墙结构侧向刚度较大的优点。该体系的适用高度远大于框架结构，国内主要采用梁柱预制，剪力墙现浇的方式保证其整体性。当框架梁、柱采用钢结构制作时，即为现在超高层建筑应用较多的钢框架-混凝土剪力墙结构体系。适用多层、高层建筑，比如保障房、商品房住宅、办公建筑等。

6）免模装配一体化钢筋混凝土结构体系——免模装配一体化钢筋混凝土结构体系的工厂预制件是将混凝土构件中的钢筋笼与保护层结合，形成中空、自平衡的预制构件，称为笼模构件，可应用于柱、梁、剪力墙等结构构件。结构构件的核心混凝土待笼模构件运输至施工现场安装完成后一次性浇筑形成整体，施工方式类似钢管混凝土构件。适用多层、高层建筑，比如住宅、办公建筑等多种建筑类型等。

7）钢结构及钢-混凝土组合体系——建筑的结构系统由钢部（构）件构成的装配式建筑，应模数协调，采用模块化、标准化设计，将结构系统、外围护系统、设备与管线系统和内装系统进行集成。国内市场上也有一些钢-混凝土组合体系的应用，如部分包覆钢-混凝土组合结构体系，也可广泛应用于住宅、办公等多高层结构中。

8）轻钢结构体系——轻钢结构体系采用新型高效能薄壁结构钢材和高效能材料，同时辅以各类高效装饰连接材料组成的商品化房屋体系。适用低层建筑，比如别墅等。

（2）外围护系统

外围护是工厂化生产的构件式围护部品部件或单元式围护组合件，在现场采用装配式接口相互连接，与主体结构共同作用分隔建筑室内外、户内外、户之间，发挥防水、防火、保温隔热、隔声等作用的装配式建筑组成部分。围护系统的材料种类多种多样，施工工艺和节点构造也不尽相同，在设计时，外围护系统应根据不同材料特性、施工工艺和节点构造特点明确具体的性能要求。性能要求主要包括安全性能、功能性能和耐久性能等，同时屋面系统还应增加结构性能要求（图 1-15、图 1-16）。

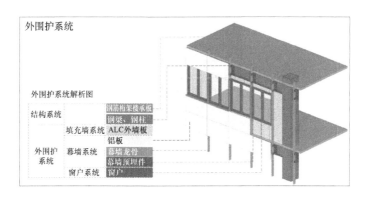

图 1-15　装配式建筑外围护系统示意图

1）预制混凝土剪力墙板——预制混凝土剪力墙，是在工厂将剪力墙结构的外围剪力墙拆分为适宜大小的构件，在工厂进行预制构件的生产，在现场基于套筒灌浆连接技术进行构件竖向方向的连接，基于等同现浇节点进行构件水平方向的连接。特点就是装配式剪力墙结构工业化程度高，预制比例可达 50% 以上，房间空间完整，几乎无梁柱外露，施工简易，现场少支撑或免支模，免外脚手架搭设，可选择局部或全部预制。适用建筑高层住宅、酒店以及宿舍等房间划分多，每个空间面积不大的高层剪力墙结构。

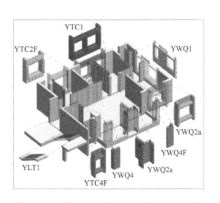

图 1-16　装配式建筑部品部件示意图

2）预制混凝土外墙挂板——预制混凝土外挂墙板是装配在框架结构上的非承重外墙围护板或装饰板，外墙板需通过可靠连接与建筑主体结构系统固定，需承受自重、风荷载、地震作用及建筑主体结构由不同荷载影响产生的位移及变形。特点：可依据建筑需要，结合不同外立面形式和肌理进行一体化预制，也可根据所应用地区的不同，集成夹心保温层。根据具体构造的不同，又可细分为非夹心保温预制混凝土外挂墙板、聚苯块填充预制混凝土外挂墙板、外饰面反打预制混凝土外墙挂板等。适用建筑：框架结构或框架-核心筒结构。

3）ALC墙板——ALC是蒸压轻质混凝土（Autoclaved Lightweight Concrete）的简称，是高性能蒸压加气混凝土（ALC）的一种。ALC板是以粉煤灰（或硅砂）、水泥、石灰等为主原料，经过高压蒸汽养护而成的多气孔混凝土成型板材（内含经过处理的钢筋增强）。ALC板既可做墙体材料，又可做屋面板，是一种性能优越的新型建材。特点：ALC板容重轻，轻质高强，具有较强的保温隔热性能，本身是一种不燃的无机材料，具有很好的耐火性能，抗渗性能良好。ALC板材生产工业化、标准化，便于现场干作业安装，具有完善的应用配套体系。适用建筑：框架结构或框架-核心筒结构。

4）GRC外墙板——GRC复合外墙板是以低碱度水泥砂浆为基材，耐碱玻璃纤维做增强材料，制成板材面层，内置钢筋混凝土肋，并填充绝热材料内芯，以台座法一次制成的新型轻质复合墙板。特点：由于采用了GRC面层和高热阻芯材的复合结构，因此GRC复合墙板具有高强度、高韧性、高抗渗性、高防火与高耐候性，并具有良好的绝热和隔声性能。适用建筑：框架结构或框架-核心筒结构。

5）轻钢龙骨外挂墙板——轻钢龙骨外挂墙板通过轻钢材质做成外墙骨架，以钢筋混凝土、GRC、UHPC（高强高性能混凝土）等材料作为围护及饰面层，墙体内部可填充需要的保温材料，在工厂一体化生产。现场通过预埋在骨架和现浇结构上的预埋件进行干式连接。特点：轻钢龙骨材质具有良好的可变性，可以适应多种结构围护需求。饰面可以根据建筑需要选取多种材料类型，表现形式多样。适用建筑：框架结构或框架-核心筒结构。

（3）设备与管线系统

装配式建筑设备与管线系统是指遵循一体化、集成式理念，在工厂预制完成，现场利用干式工法安装，与结构主体构件分离，便于后期改造与维护的设备与管线。目前，常用的设备与管线系统主要包括集成给水、同层排水、集成供暖等部品（图1-17）。

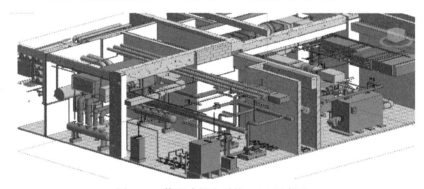

图1-17 装配式机电系统BIM示意图

1）集成给水系统——装配式集成给水系统一般指符合快装技术的铝塑复合管，系统由卡压式铝塑复合给水管、分水器、专用水管加固板、水管卡座、水管防结露部件等构成。给水管的连接是给水系统的关键技术，要能够承受高温、高压并保证使用寿命期内无渗漏，尽可能减少连接接头。特点：分水器与用水点之间整根水管采用定制方式，无接头。快装给水系统通过分水器并联支管，出水更均衡。水管之间采用快插承压接头，连接可靠，且安装效率高。适用范围：适用于居住建筑套型室内的冷水、热水、中水供应问题。

2）同层排水部品——装配式装修配置的排水系统是基于主体结构不降板的薄法同层排水部品。特点：一般在一定厚度内实现薄法同层排水，规避了噪声、漏水的麻烦；承插式构造比传统胶粘可靠性提升；地漏、整体防水底盘与排水口之间形成机械连接，从技术上解决了漏水源。适用范围：广泛适用于居住建筑中，同样适用于酒店、公寓等宜于采用集成卫浴的建筑中。

（4）内装系统

装配化装修是主要采用干式工法，是将工厂生产的内装部品部件在现场进行组合安装的装修方式。常用的装配式内装系统包括装配式隔墙、装配式墙面、装配式架空地面、装配式吊顶、集成门窗、集成卫浴、集成厨房等部品（图1-18、图1-19）。

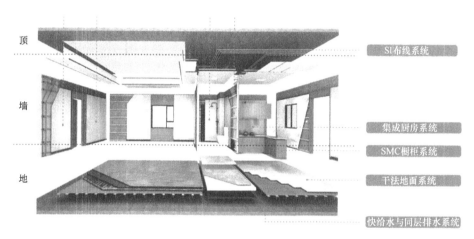

图1-18　装配式内装系统示意图

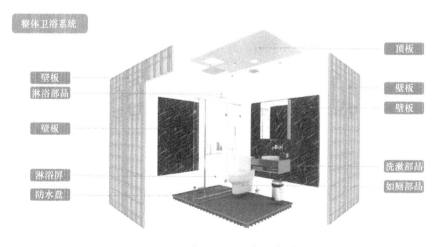

图1-19　集成卫浴系统示意图

1）装配式隔墙部品——装配式隔墙采用成品隔墙部件，利用装配式技术快速进行室内空间分隔，在不涉及承重结构的前提下，快速搭建、交付、使用，为自饰面墙板建立支撑载体。装配式隔墙部品的基材可以采用 ALC、轻质加气混凝土，由组合支撑部件、连接部件、填充部件、预加固部件等构成。特点：隔墙部品属于非结构受力构件，因而在材质上具有轻质、高强、防火、防锈、耐久的特点，空腔内便于成套管线集成和隔声部品填充；在施工上具有干式工法、快速装配、易于搬运、灵活布置的特点，可以与混凝土结构、钢结构、木结构融合使用；在使用上具有省空间（超薄）、隔声可靠、可逆装配、移动重置、易于回收等特点，满足用户改变房间功能分区的重置需要。适用范围：隔墙部品具有一定的隔声、保温、防火功能，可用于分隔户内空间，并确保各功能空间尺寸精确。轻钢龙骨部品系统应用范围广，用于居住建筑、办公建筑、酒店公寓、医疗建筑教育建筑等的室内分室隔墙。针对不同特定空间需要具备的防水、防潮、防火、隔声、抗冲撞等要求，需要在隔墙中辅助填充相应增强性能的部品即可。

2）装配式墙面部品——装配式墙面部品是在既有平整墙面、轻钢龙骨隔墙或者不平整结构墙上等墙面基层上，采用干式工法现场组合安装而成的集成化墙面，由包括饰面硅酸钙复合墙板和连接部件等构成。特点：装配式复合墙板在材质上具有大板块、防水、防火、耐久的特点；在加工制造上易于进行表面复合技术处理。饰面仿真效果强、拼缝呈现工业构造的美感；在施工上完采用干式工法，装配效率高，不受冬天、雨季的影响；在使用上具有可逆装配、防污耐磨、易于打理、易于保养、易于翻新等特点。对于悬挂重物或振动物体时有限制。需要在设计之初预埋加固板。适用范围：适用于多种建筑功能的室内空间，并且可以与干式工法的其他工业化部品很好地融合，如玻璃、不锈钢、干挂石材、成品实木等。

3）装配式吊顶部品——装配式吊顶系统是指采用工厂标准化加工，集成不同饰面复合技术的吊顶板与相应连接部件所组成的系统。特点：复合顶板在材质上具有密度低、自重轻、防水、防火、耐久的特点；在施工上完全免去吊杆吊件，无粉尘，无噪声，快速装配，不用预留检修口；在使用上具有快速拆装、易于打理、易于翻新等特点。适用范围：适用于厨房、卫生间、阳台以及其他开间宽度小于 1800mm 的空间。

4）装配式架空地面部品——装配式架空地面是指采用工厂标准化加工，集成架空、调平、支撑功能的地面系统，在规避抹灰湿作业的前提下，实现地板下部空间的管线敷设、支撑、找平、地面装饰功能。特点：装配式架空地面部品在材质上具有承载力大、耐久性好、整体性好的特性。在构造上能大幅度减轻楼板荷载、支撑结构牢固耐久且平整度高、易于回收；在施工上易于运输、易于调平、可逆装配、快速装配；在使用上具有易于翻新、可扩展性等特点。架空地面系统地脚支撑的架空层内布置水电线管，集成化程度高。适用范围：架空地面部品可以用于非供暖要求、除卫生间以外的所有室内空间，特别是在办公空间，有利于综合管线从架空层内布置。

5）集成门窗部品——集成门窗部品实际上是由集成套装门、集成窗套、集成垭口三类部品的统称。特点：集成门窗部品不同于传统装修使用的实木复合门窗，其具有超强的防水、防火、防撞、防磕碰特点，耐久性强，这对于在所有权与使用权分离的项目（集体产权的公租房、人才房、安居房）中应用具有天然优势，延长了部品使用期限，降低了业主维护难度。适用范围：集成门窗既可以用于一般居室，也可以用在对于防火防水要求高的厨房、卫生间，还可以用于隔声要求高的办公室、公寓。

6）集成卫浴部品——集成卫浴部品由干式工法的防水防潮构造、排风换气构造、地面构造、墙面构造、吊顶构造以及陶瓷洁具、电器、功用五金件构成，其中最为突出的是防水防潮构造。特点：整体卫浴是一种固化规格、固化部品的卫浴，是集成卫浴的一种特殊形式，除具有整体卫浴所有的特点之外，突出呈现出尺寸、规格、形状、颜色、材质的高度定制化特征。集成卫浴全干法作业，成倍缩短装修时间，特别突出的是连接构造可靠，能够彻底规避湿作业带来的地面漏水、墙面返潮、瓷砖开裂或脱落等质量通病。适用范围：集成卫浴整体防水底盘可以根据卫生间的形状、地漏位置、风道缺口、门槛位置进行一次成型定制，这就决定了集成卫浴应用广泛，不受空间、管线限制。除居住建筑卫浴外，酒店、公寓、办公、学校均适用，甚至可以应用到高铁、飞机、船舶的卫生间装修中。

7）集成厨房部品——集成厨房部品是由地面、吊顶、墙面、橱柜、厨房设备及管线等通过设计集成、工厂生产、干式工法装配而成的厨房。特点：集成厨房全部采用干法施工，现场装配率100%；吊顶实现快速安装；结构牢固、耐久且平整度高、易于回收。适用范围：集成厨房适用于居住建筑中，尤其是长租公寓等小户型厨房。

3. 国外装配建筑体系

欧洲建筑工业化 Syspro 高品质联盟成立于 1991 年，是欧洲建筑工业化领域的创新联盟，联盟从最初的预制构件生产企业联盟，发展成为今天集设计、自动化生产、施工一体化的企业联盟。从一开始每年只有 100 万 m^3 左右的预制构件产品，到如今每年 3000 万 m^2 建筑总承包项目及额外 200 万 m^3 的构件供应。欧洲 Syspro 会员遍布德国、法国、卢森堡、比利时、奥地利、意大利、荷兰等在欧洲装配式建筑技术发达的国家。

以下是几个发达国家的预制混凝土结构体系：

（1）德国主要采用叠合剪力墙结构体系，叠合剪力墙板、梁、柱、叠合楼板、内隔墙板、外挂板、阳台板、空调板等构件采用预制与现浇混凝土相结合的建造方式，并注重保温节能特性，目前已发展成系列化、标准化的高质量、节能的装配式住宅生产体系。

（2）法国的预制混凝土结构构造体系以预应力混凝土装配式框架结构体系为主，钢、木结构体系为辅。焊接、螺栓连接等干法作业流行，结构构件与设备、装修工程分开，减少预埋，生产和施工质量高。

（3）美国的装配式住宅起源于 20 世纪 30 年代，1976 年美国国会通过了国家工业化住宅建造及安全法案，同年开始出台一系列严格的行业规范标准。装配式住宅成为非政府补贴的经济适用房的主要形式（图 1-20）。

（4）瑞典在 20 世纪 50 年代开发了大型混凝土预制板的建筑体系，并逐步发展为以通用部件为基础的通用体系。目前新建住宅中，采用通用部件的占到 80% 以上，是世界上第一个将模数法制化的国家。

（5）丹麦推行建筑工业化的途径是开发以采用"产品目录设计"为中心的通用体系，同时比较注意在通用化的基础上实现多样化。

（6）澳大利亚 20 世纪 60 年代就提出了"快速安装预制住宅"的概念。1987 年，高强度冷弯薄壁钢结构出现；1996 年，澳大利亚与新西兰联合规范的 AS/NZS4600 冷弯成

图 1-20　美国装配式建筑

型结构钢规范发布实施。规范发布之后，澳大利亚每年约建造 6 亿美元的轻钢龙骨独立式住宅 120000 栋，约占澳大利亚所有建筑业务产值的 24%。

（7）新西兰新建钢结构建筑按使用频次最多的体系依次为：防屈曲支撑（BRB）框架、传统抗弯框架（MRF）、带有梁端截面削弱（RBS 犬骨式）的抗弯框架、带有可更换耗能梁段的偏心支撑框架（EBFs）、中心支撑框架（CBFS）、常规偏心支撑框架、摇摆钢框架体系等。

（8）新加坡的组屋一般为 15～30 层的单元式高层住宅，自 20 世纪 90 年代初开始尝试采用预制装配式建设，现已发展较为成熟，预制构件包括梁、柱、剪力墙、楼板（叠合板）、楼梯、内隔墙、外墙（含窗户）、走廊、女儿墙、设备管井等，预制化率达到 70% 以上。新加坡政府对于建筑行业发展的要求就是用技术来减少人力，并且也一直致力于减少人力。预制楼板，预制大墙，预制柱子，最新的预制厕所，预制客厅等优点就是工厂机械化生产，现场用少于现浇的人数去吊装、补缝、灌浆，并且采用预制构件有利于质量控制。外挂架、爬架的使用。铝合金模板、台模的使用。

（9）日本早在 1968 年就提出了装配式住宅的概念。1990 年开始采用部件化、工厂化的生产方式，不仅生产效率高，住宅内部结构也可以适应多样化的需求。日本通过立法来保证混凝土构件的质量，针对装配式住宅制定了一系列方针政策和标准，解决了标准化、大批量生产和多样化需求这三者之间的矛盾（图 1-21）。

图 1-21　日本装配式建筑

1.2.2 装配式预制混凝土构件种类

预制混凝土构件是指在工厂或现场预先制作的混凝土构件，简称预制构件。预制构件包括预制外墙挂板、预制剪力墙、预制柱、预制叠合梁、预制叠合板、预制楼梯、预制阳台、预制空调板等类型。各种预制构件根据工艺特征不同，还可以进一步细分，预制叠合楼板包括预制预应力叠合楼板、预制桁架钢筋叠合楼板、预制带肋预应力叠合楼板（PK板）等；预制实心剪力墙包括预制钢筋套筒剪力墙、预制约束浆锚剪力墙、预制浆锚孔洞间接搭接剪力墙等；预制外墙从构造上又可分为预制普通外墙、预制夹心三明治保温外墙等。

1. 预制构件种类

装配式混凝土结构建筑的基本预制构件，按照组成建筑的构件特征和性能划分，包括：

（1）预制楼板（含预制实心板、预制空心板、预制叠合板、预制阳台）；

（2）预制梁（含预制实心梁、预制叠合梁、预制 U 形梁）；

（3）预制墙（含预制实心剪力墙、预制空心墙、预制叠合式剪力墙、预制非承重墙）；

（4）预制柱（含预制实心柱、预制空心柱）；

（5）预制楼梯（预制楼梯段、预制休息平台）；

（6）其他复杂异形构件（预制飘窗、预制带飘窗外墙、预制转角外墙、预制整体厨房卫生间、预制空调板等）。

总之，预制构件的表现形式是多样的，可以根据项目特点和要求灵活采用。

2. 预制构件优势

装配式建筑构件有全装配式、预制和现浇相结合的装配整体式两种。预制混凝土类构件大致可分为楼板、剪力墙结构的墙板、楼梯、框架结构的柱梁及剪力墙结构的连梁、外挂墙板和阳台板、飘窗等其他异型构件这六大类。

预制楼板通常包括叠合楼板、实芯楼板、预应力空心楼板、预应力肋板和预应力双 T 板等，楼梯是最常用的也是性价比较高的预制构件之一，剪力墙结构的墙板是建筑结构主体构件。

其竖向的连接方式一般采用灌浆套筒连接，横向连接多采用后浇混凝土，相比较楼梯和楼板，剪力墙结构的墙板制作和安装都要复杂很多。

按其构造形式可分为实心墙板、夹心保温墙板和双面叠合墙板等，外挂墙板是用于框架和筒体结构的非结构墙板，一般用螺栓与主体结构连接，可做成装饰一体化板或装饰保温一体化板。

（1）预制楼板、预制阳台——预制楼板的使用可以减少施工现场支护模板的工作量，节省人工和周转材料，具有良好的经济性，是预制混凝土建筑降低造价、加快工期、保证质量的重要措施，其中预应力楼板能有效发挥高强度材料作用，可减小截面、节省钢材，是节能减碳的重要举措。预制楼板的生产效率高，安装速度快，能创造显著的经济效益（图 1-22～图 1-28）。

（2）预制柱、预制梁——预制梁为主要的水平承重构件，与预制楼板同为免模板技术，具有较好的经济效益和广阔的发展空间（图 1-29～图 1-33）。

图 1-22　预制桁架钢筋叠合楼板

图 1-23　预制预应力叠合楼板

图 1-24　预制带肋预应力叠合楼板

图 1-25　预制实心楼板

图 1-26　预制空心楼板

图 1-27　预制叠合阳台

图 1-28　全预制阳台

图 1-29　预制节段柱安装

图 1-30　预制预应力梁应用

图 1-31　预制叠合梁施工

图 1-32　预制 U 形空心梁吊装

图 1-33　双面预制叠合梁

（3）预制墙——在住宅中墙体较多，采用预制墙体可提高建筑性能和品质，从建筑全生命周期来看，可节省使用期间的维护费用，同时减少了门窗洞口渗漏风险，降低了外墙保温材料的火灾危险性，延长了保温及装饰寿命，可以取消外墙脚手架、提高施工速度，有利于现场施工安全管理，具有良好的间接效益，针对国内住宅的特点，预制墙体和预制楼板将是工业化住宅构件的主要产品（图 1-34～图 1-41）。

图 1-34　预制实心剪力墙吊装

图 1-35　预制空心墙吊装

图 1-36　预制叠合式剪力墙安装

图 1-37　陶粒空心条板存储

图 1-38　预制夹心保温外墙

图 1-39　预制保温装饰一体外墙

图 1-40　香港外墙挂板工法

图 1-41　外墙挂板工法

（4）预制柱、预制楼梯（图 1-42～图 1-45）。

图 1-42　预制实心柱安装

图 1-43　预制空心柱

图 1-44　预制成品楼梯存储

图 1-45　楼梯成品保护

（5）其他复杂异形构件——预制飘窗、预制带飘窗外墙、预制转角外墙、预制整体厨房卫生间、预制空调板等预制复杂异形构件虽然预制生产成本不低，但往往是由于现场施工难度大、质量难以保证，在有一定数量的前提下，可以转移到工厂预制，不但可以保证质量、提高现场施工速度，在大批量生产时还有一定的经济优势（图1-46～图1-52）。

图1-46　预制保温飘窗吊装

图1-47　预制带飘窗装饰外墙

图1-48　预制转角外墙

装配式围墙	装配式艺术混凝土围墙	灌浆套筒剪力墙	外墙挂板	叠合楼板
预制夹心三明治保温剪力墙	双面预制叠合式剪力墙	双面预制夹心保温叠合式剪力墙	预制装饰一体化外墙	预制梁

图1-49　房建预制构件汇总示意图

图 1-50 房建预制构件汇总示意图

图 1-51 公共及工业预制构件汇总示意图

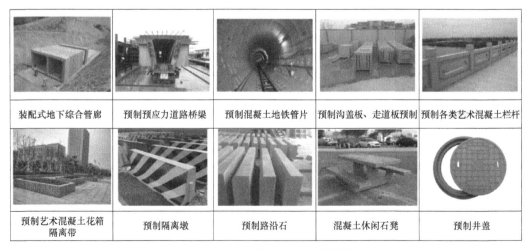

图 1-52 市政预制构件汇总示意图

装配式建筑预制构件种类见表1-4。

装配式建筑预制构件种类一览表　　　表1-4

产品名称	产品图片	产品名称	产品图片
预制楼梯		预制叠合梁	
预制叠合楼板		预制内隔墙	
预制阳台板		预制外墙板	
预制凸窗		预制柱	

装配式混凝土结构中预制构件的吊装应符合如下规定：

（1）吊装使用的起重机设备应按施工方案配置到位，并经检验验收合格。

（2）预制构件吊装前，应根据构件的特征、重量、形状等选择合适的吊装方式和配套的吊具。

（3）吊装用钢丝绳、吊带、卸扣、吊钩等吊具应经检验合格，并在额定范围内使用。

（4）吊装作业前应先进行试吊，确认可靠后方可进行正式作业。

（5）吊装施工的吊索与预制构件水平夹角不宜小于60°，不应小于45°，并保证吊车主钩位置、吊具及预制构件重心在竖直方向重合。

（6）竖向预制构件起吊点不应少于2个，预制楼板起吊点不应少于4个，跨度大于6m的预制楼板起吊点不宜少于8个。

（7）预制构件在吊运过程中应保持平衡、稳定，吊具受力应均衡。

2

预制构件吊装施工组织与设备

2.1 预制构件吊装施工组织

2.1.1 施工组织内容

装配式建筑施工之前，应明确项目建设管理模式，设置满足装配式建筑项目管理需要的现场管理机构，组织编写施工组织设计、编制部品部件生产和运输方案、现场装配施工专项方案和装配式建筑监理实施细则，建立健全质量安全保证体系、完善质量安全管理制度等各项准备工作，立足"做细"施工方案，为确保正式施工的工程质量做好各项保障工作。

1. 施工准备阶段组织内容

建设单位应明确装配式建筑项目建筑管理模式和实施主体。采用 EPC 工程总承包或DB 工程总承包的装配式建筑项目，建设单位可委托全过程工程咨询服务单位实施全过程管理咨询服务，由其履行施工过程工程监理职责。

建设单位在装配式建筑工程建设过程中，对其质量安全负首要责任，应在本阶段建立健全部品部件验收制度、建立装配式建筑工程验收制度等各项质量安全管理制度和保证体系；组织参建各方开展图纸会审，就装配式建筑施工中可能出现的技术问题进行深入研究和判断，并在此基础上组织技术交底。

设计单位应核实部品部件深化图与施工图设计文件的符合性，确保其承力、连接构件等符合主体结构设计要求，并按建设单位组织要求，结合设计阶段已应用的 BIM 技术模型，就装配式建筑设计内容向监理、施工、部品部件生产单位进行具体的设计交底，并参与装配式建筑专项施工的编制和讨论。

监理（或全过程工程咨询服务）单位应根据项目特点，依据装配式建筑施工图设计文件和相关规范标准，编制装配式建筑监理实施细则，对施工单位、部品部件生产单位质量保证体系，审批施工单位编制的施工组织设计和装配式建筑施工方案及部品部件生产单位编制的部品部件制作方案。

总承包（施工）单位应根据装配式建筑施工特点，建立健全项目质量安全保证体系，合理设置质量安全管理机构，组织项目设计、部品部件生产、装配施工等相关专业人员编制施工组织设计、现场装配施工专项方案、安全专项方案、应急预案并组织交底培训和应急演练、选择有代表性的单元进行部品部件试安装、搭建建筑信息模型（BIM）技术等。

部品部件生产单位应建立完善的质量管理体系和管理制度，编制部品部件生产及运输方案，明确技术保障措施，包括生产计划、材料要求、生产工艺、质量安全保障措施、运输方案及成品保护措施等内容，并根据部品部件生产工艺要求，对相关人员进行专业操作技能的岗前培训。施工许可证审批部门受理施工许可申请时，对项目是否落实装配式要求进行核查，将装配式建筑的建设要求落实到建设工程施工许可证的管控条件中。

2. 施工阶段组织内容

在装配式建筑项目施工阶段，工程的建设、设计、监理、施工、建筑部品部件生产等装配式建筑工程项目建设各方责任主体应严格落实按图施工要求，严格按照经审查的施工图设计文件和装配式建筑项目实施方案执行，确保装配式建筑实施标准要求落实及工程质量合格。区建设行政主管部门、质量安全监督部门在质量监督环节，加强对项目施工图设计文件和装配式建筑项目实施方案落实情况的监督和抽查。

建设单位应强化部品部件进场质量检查和验收，严格执行已建立的部品部件验收制度。在部品部件生产阶段，建设单位委托驻场监理工程师对生产质量进行监控管理；部品部件进场安装前，建设单位组织项目承包、部品部件生产及安装单位等相关单位进行检查验收；部品部件使用前，建设单位组织部品部件生产单位、设计单位、施工单位、监理（或工程咨询服务）单位进行联合验收，其中首批部品部件联合验收时，应通知区质监站参加。

建设单位应严格进行装配式标准层（单元）的结构验收，强化装配式建筑工程的质量验收，严格落实已建立的装配式建筑工程验收制度。建设单位应组织设计单位、部品部件生产单位、施工单位、监理（或工程咨询服务）单位开展具有代表性的装配式标准层（单元）结构自检和验收，其中首个具有代表性的装配式标准层（单元）结构联合验收时，应通知区质监站参加。

设计单位应参加建设单位组织的部品部件、装配式结构、施工样板质量联合验收，对部品部件生产和装配式施工是否符合设计要求进行检查，并提供现场指导服务，解决构件生产、施工环节出现的与设计有关的问题。

监理（或全过程工程咨询服务）单位应对部品部件的生产制作全过程进行监理，派出监理工程师进行驻厂监理，重点对部品部件原材料、模具组装、钢筋及预埋件安装、混凝土浇筑、隐蔽工程、成品养护、出厂运输等环节加强监督；应对部品部件的施工安装过程进行监理，重点对进入施工现场的部品部件进行验收，对部品部件连接、吊装、后浇混凝土施工、构件密封防水等关键工序和关键部位实施旁站、巡视和平行检验等措施，对部品部件施工安装过程的隐蔽工程和检验批进行验收。监理单位应逐层核查施工单位是否按照装配式建筑施工图设计文件、装配式建筑专项施工方案进行施工。

总承包（施工）单位对部品部件的质量负总包管理责任，应加强装配式建筑施工环节质量管理：强化部品部件进场质量检查，逐批组织部品部件自检，查验质量保证文件，检验实体质量，利用移动终端读取并核对部品部件的相关信息是否与出厂合格证明文件相符，形成自检书面目录；严格落实部品部件施工安装过程质量检验制度，会同部品部件生产单位、监理单位对部品部件质量进行验收，对部品部件钢筋连接灌浆作业进行全过程质量监控，形成可追溯的文档记录资料和影像记录资料，对部品部件施工安装过程的隐蔽工程和检验批进行自检和评定；严格落实经批准的施工组织设计、安全专项方案及其配套的专项施工方案等技术文件，组织实施装配式现场施工，并充分借助建筑信息模型（BIM）技术对工程管理技术人员进行可视化交底、对施工全过程及关键工艺建立信息化模型，及时采集数据指导施工。

部品部件生产单位对部品部件质量负责，应严格落实已建立的质量管理体系和管理制度，具备与生产规模相匹配的人员，具有部品部件原材料、构配件和成品质量管控能力，确保管理制度齐全有效，实现全过程质量管理；应向施工单位提交材料检验报告、过程验收资料、部品部件合格证等质量证明文件，并确保生产吊运设备经有资质的第三方检验单位检测合格并定期复检，做好防滑移和防倾覆措施；应实行部品部件质量全生命周期跟踪管理，建立基于 BIM 应用系统的部品部件生产管理信息系统，并通过内置芯片、二维码标识等措施，建立部品部件生产、质量控制全过程可追溯的信息化管理和编码标识系统。

建设行政主管部门、质量安全监督部门加强对装配式部品部件生产环节、工程实体质量、施工安全、生产质量和各方责任主体及有关单位的质量安全行为的监督力度；在装配式部品部件生产环节，按"双随机、一公开"原则，不定期对向南沙区建设工程供应装配式部品部件的生产单位进行监督检查和质量抽验，及时公开检查结果；工程实体质量方面，重点监督涉及工程结构安全、重要使用功能、结构耐久性的工程实体部位；施工安全方面，重点监督起重吊装、安全防护以及其他涉及安全生产、文明施工措施的落实情况；各方责任主体及有关单位的质量安全行为方面，重点监督施工组织设计或装配式专项施工方案执行情况、装配式建筑工程重点部位和关键工序旁站情况、关键环节和重要部位验收情况以及工程建设强制性标准执行情况。区质量安全监督部门参加装配式建筑工程首批部品部件联合验收和首个具有代表性的装配式标准层（单元）结构联合验收。

施工阶段，设计、施工等建设相关单位不得擅自变更经审查合格的装配式建筑设计文件；如确需进行涉及装配式建筑技术项调整的变更，建设单位应对照装配式建筑预评价要求，重新对装配率进行复核，并将修改后的施工图送原审图机构审查（包括装配率调整情况）。

3. 施工组织管理总体要求

施工单位应根据装配式建筑工程特点和管理特点，建立与之相适应的组织机构和管理体系，明确工作岗位设置及职责划分，并配备相应的管理人员。管理人员以及专业操作人员应具备相应的执业证书和岗位证书。施工单位在施工前明确装配式建筑工程质量、进度、成本、安全、科技、消防、环保、节能及绿色施工等管理目标。施工单位在施工前应根据装配式建筑工程实际情况编制单位工程施工组织设计和专项施工方案，并经监理单位批准后实施。

施工单位根据装配式建筑规模与工程特点，选择满足施工要求的施工机械、设备，并选择具备相应资质的租赁及安装单位。施工单位应提前对预制构件厂家进行考察，选择技术成熟、具备供应能力的预制构件生产厂家。施工单位应选择具备相应专业施工能力的劳务队伍进行施工，劳务队伍应配备足够数量的专业工种人员，持有国家或行业有关部门颁发的有效证件上岗。

4. 施工现场劳动力资源管理

施工现场项目部应根据装配整体式混凝土结构工程的特点和施工进度计划要求,编制劳动力资源需求的使用计划,经项目经理批准后执行。应对项目劳动力资源进行劳动力动态平衡与成本管理,实现装配整体式混凝土结构工程劳动力资源的精干高效,对于使用作业班组或专项劳务队人员应制订有针对性的管理措施。

作业班组或劳务队管理:按照深化的设计图纸向作业班组或劳务队进行设计交底,按照专项施工方案向作业班组或劳务队进行施工总体安排交底,按照质量验收规范和专项操作规程向作业班组或劳务队进行施工工序和质量交底,按照国家和地方的安全制度规定、安全管理规范和安全检查标准向作业班组或劳务队进行安全施工交底。组织作业班组或劳务队施工人员科学合理地完成施工任务。在施工中随时检查每道工序的施工质量,发现不符合验收标准的工序应及时纠正。在施工中加强对于每一位操作人员之间的协调,加强对于每道工序之间的协调管理,随时消除工序衔接不良问题,避免人员窝工。随时检查施工人员是否按照规定安全生产,消灭影响安全的隐患。对专项施工所用的材料应加强管理,特别是坐浆料、灌浆料的使用应控制好,努力降低材料消耗,对于竖向独立钢支撑和斜向钢支撑应仔细使用,轻拿轻放,保证周转使用次数足够长久。加强作业班组或劳务队经济核算,有条件的分项应实行分项工程一次"包干",制订奖励与处罚相结合的经济政策。按时发放工人工资和必要的福利与劳保用品。

PC施工管理组织架构:完整的装配式混凝土建筑项目应配备项目经理、技术总工、吊装指挥、质量总监,下辖起重工、信号工、技术工人、塔式起重机司机、测量工、安装工、临时支护工、灌浆料制备工、灌浆工、修补人员。

构件管理员组织管理:根据装配式建筑工程规模及施工特点,施工现场应设置构件管理员负责施工现场构件的收发、堆放、储存管理工作。为确保构件使用及安装的准确性,防止构件装配出现错装、误装或难以区分构件等情况,施工单位宜设置专职构件管理员。构件管理员应根据现场构件进场情况建立现场构件台账,进行构件收、发、储等环节的管理。构件进场后应分类堆放,防止装配过程出现错装、误装等情况。施工单位应根据装配式建筑工程的施工技术特点,对构件管理员进行专项业务培训。

吊装工组织管理:装配式建筑工程施工中,由于构件体型重大,需要进行大量的吊装作业,吊装作业的效率将直接影响工程的施工进度,吊装作业的安全将直接影响到施工现场的安全文明施工管理。吊装作业班组一般由班组长、吊装工、测量工、信号工等组成,班组人员数根据吊装作业量确定,通常1台塔式起重机配备1个吊装作业班组。吊装工序施工作业前,应对吊装工进行专门的吊装作业安全意识培训,确保构件吊装作业安全。

灌浆工组织管理:装配式建筑工程施工中,灌浆作业的施工质量将直接影响工程的结构安全,要求班组人员配合默契。灌浆作业班组每组应不少于4人,1人负责注浆作业,1人负责灌浆溢流孔封堵工作,2人负责调浆工作。灌浆作业施工前,应对工人进行专门的灌浆作业技能培训,模拟现场灌浆施工作业流程,提高注浆工人的质量意识和业务技能,确保构件灌浆作业的施工质量。

5. 施工组织设计

预制构件安装计划:测算各种规格型号的构件,从挂钩、立起、吊运、安装、固定、回落一个流程在各个楼层高度所用的工作时间数据。依据测算取得的时间数据计算一个施工段所有构件安装所需起重机的工作时间。对采用的灌浆料、浆锚料、坐浆料要制作同条件试块，试压取得在 4h（坐浆料）、18h、24h、36h 时的抗压强度，依据设计要求确定后续构件吊装开始时间。根据以上时间要求及吊装顺序，编制按每小时计的构件要货计划、吊装计划及人员配备计划。根据装配式混凝土工程结构形式的不同，在不影响构件吊装总进度的同时，要及时穿插后浇混凝土所需模板、钢筋等其他辅助材料的吊运，确定好时间节点。在编排计划时，如果吊装用起重机工作时间不够，吊运辅助材料可采取其他垂直运输机械配合。根据构件连接形式，对后浇混凝土部分，确定支模方式、钢筋绑扎及混凝土浇筑方案，确定养护方案及养护所需时间，以保证下一施工段的吊装工作进行。计划内容主要包含测量放线、运输计划时间、各种构件吊装顺序和时间、校正固定、后浇混凝土部位模板支设、缝隙封堵、灌浆顺序及时间、各工种人员配备数量、质量监督检查方法、安全设施配备实施、偏差记录要求、各种检验数据实时采集方法、质量安全应急预案等。

机电安装与内装计划：大型集成部品如集成式卫生间等应当在楼板安装前吊装到位或安装点附近位置。机电安装与内装修可在结构施工三四个楼层后进行；内装施工前应安装好门窗玻璃。构件安装、机电安装、内装应形成大流水作业。

构件与部品进场计划：列出构件与部品清单；与工厂共同编制构件与部品进场计划；制定构件进场检验方案。

材料进场计划：列出详细的部件与材料清单；编制采购与进场计划；列出材料进场检验项目清单与时间节点；制定材料进场检验方案。

劳动力配置与培训计划：确定施工作业各工种人员数量和进场时间；制定培训计划；确定培训内容、方式、时间和责任者。

设备机具计划：起重设备、机具计划；灌浆设备计划；临时支撑设施计划；装配式混凝土工程施工用的其他设备与工具计划。

施工总计划应根据现场条件、塔式起重机工作效率、构件工厂供货能力、气候环境情况和施工企业自身组织人员、设备、材料的条件等编制预制构件安装施工进度总计划，施工计划要落实到每一天、每一个环节和每一个事项。装配式混凝土建筑施工需要预制构件生产厂、施工企业、其他外委加工企业和监理以及各个专业分包队伍密切配合，有诸多环节制约影响，需要制定周密细致的计划。日本装配式建筑工程的施工组织设计和计划编制得非常细，工程管理团队在编制计划方面下很大的功夫。装配式混凝土工程施工计划包括预制构件安装计划、机电安装计划、内装计划等，同时将各专业计划形成流水施工，体现了装配式混凝土工程缩短工期的优势。

总之，施工单位应建立相应的管理体系、施工质量控制和检验制度。装配式混凝土建筑应综合协调建筑、结构、设备和内装等专业，编制相互协同的施工组织设计。装配式混凝土建筑施工前，应组织设计、生产、施工、监理等单位对设计文件进行图纸会审，确定施工工艺措施。施工单位应准确理解设计图纸的要求，掌握有关技术要求及细部构造，根据工程特点和相关规定，进行施工复核及验算、编制专项施工方案。施工单位应根据装配式建筑工程的管理和施工技术特点，按计划定期对管理人员及作业人员进行专项培训及技术交底。预制构件深化设计应满足建筑、结构和机电设备等各专业以及预制构件制作、运输、安装等各环节的综合要求。装配式混凝土建筑施工宜采用自动化、机械化、工具式的施工工具、设备。施工中采用的新技术、新工艺、新材料、新设备，应按有关规定进行评审、备案。施工单位应根据装配式结构工程施工要求，合理选择和配备吊装设备；应根据预制构件存放、安装和连接等要求，确定安装使用的工（器）具。施工所采用的原材料及构配件应符合同家现行相关规范要求，应有明确的进场计划，并应按规定进行施工进场验收。施工单位应根据装配式混凝土建筑特点，按绿色建造的要求组织实施。装配式混凝土建筑应优先按全装修实施。装配式混凝土建筑施工应采取相应的成品保护措施。工程施工宜运用信息化技术，实现全过程、全专业的信息化，并应采取措施保证信息安全。

2.1.2 场地布置原则

施工现场平面布置是指在施工用地范围内，对各项生产、生活设施及其他辅助设施等进行规划和布置。施工现场平面布置图一般要根据施工阶段来编制。如基础阶段施工现场平面布置图、主体结构阶段施工现场平面布置图、装修工程阶段施工现场平面布置图等。

1. 场地平面布置依据

《建筑施工组织设计规范》GB/T 50502

《建筑工程施工现场消防安全技术规范》GB 50720

《建筑工程绿色施工规范》GB/T 50905

《建筑施工安全检查标准》JGJ 59

《建筑施工现场环境与卫生标准》JGJ 146

《施工现场临时用电安全技术规范》JGJ 46

2. 施工总平面图的设计内容

(1) 装配整体式混凝土结构项目施工用地范围内的地形情况；

(2) 全部拟建建筑物和其他基础设施的位置；

(3) 项目施工用地范围内的构件堆放区、运输构件车辆装卸点、运输设施；

(4) 供电、供水、供热设施与线路，排水排污设施、临时施工道路；

(5) 办公用房和生活用房；

(6) 施工现场机械设备布置图；

(7) 现场加工区域；

(8) 必备安全、消防、保卫和环保设施；

(9) 相邻的地上、地下既有建筑物及相关环境。

3. 运输通道和存放场地规定

(1) 现场运输道路和存放场地应坚实平整，并应有排水措施。施工现场内道路应按照构件运输车辆的要求合理设置转弯半径及道路坡度。

(2) 预制构件运送到施工现场后，应按规格、品种、使用部位、吊装顺序分别设置存放场地。存放场地应设置在吊装设备的有效起重范围内，且应在堆垛之间设置通道。

(3) 构件的存放架应具有足够的抗倾覆性能。构件运输和存放对已完成结构、基坑有影响时，应经计算复核（图 2-1、图 2-2）。

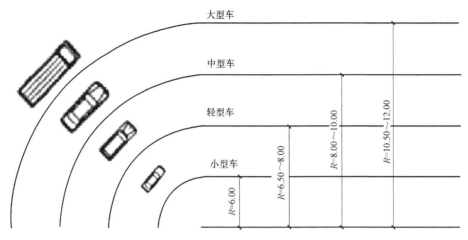

图 2-1　机动车道最小转弯半径（m）

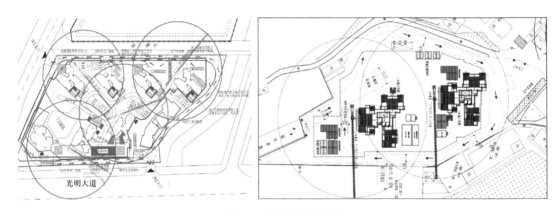

图 2-2　施工平面布置图

（4）现场道路应满足运输构件的大型车辆的宽度、转弯半径要求和荷载要求，路面平整。除对现场道路有要求外，必须对部品运输路线桥涵限高、限行进行实地勘察，以满足要求。如果有超限部品的运输应当提前办理特种车辆运输手续。规划好车辆行驶路线，另外也要考虑现场车辆进出大门的宽度以及高度。常用运输车辆车宽 4m、车长 16～20m。有条件的施工现场设两个门，一个进，一个出，不影响其他运输构件车辆的进出，有利于直接从车上起吊构件安装。工地也可使用挂车运输构件，将挂车车厢运到现场存放，车头开走再运其他挂车车厢。

（5）现场场地应满足装配式建筑的安装施工计划，应考虑构件直接从车上吊装，不用二次运转，不需要存放场地。但考虑实际情况，施工车辆在一些时间段限行，在一些区域限停，有些工地不得不准备构件临时存放场地。

（6）施工现场预制构件存放场地尽可能布置在起重机作业半径覆盖范围内，且避免布置在高处作业下方。地面硬化平整、坚实，有良好的排水措施。如果构件存放到地下室顶板或已经完工的楼层上，必须征得设计的同意，楼盖承载力满足堆放要求。场地布置应考虑构件之间的人行通道，方便现场人员作业，道路宽度不宜小于 600mm。场地设置要根据构件类型和尺寸划分区域分别存放。

4. 施工平面设计步骤

（1）确定起重设备的数量及其位置；

（2）布置运输道路；

（3）布置材料，确定构件堆场、仓库、加工场地的位置；

（4）布置行政管理、文化、生活福利用临时房屋；

（5）布置临时水电管线；

（6）主要技术与经济指标。

5. 施工现场平面布置要点

现场平面布置应充分考虑大门位置、场外道路、大型机械布置、构件堆放场布置、运输构件车辆装卸点布置、内部临时运输道路布置、构件存放场地等设计要点。

（1）设置大门，引入场外道路

施工现场宜考虑设置两个以上大门。大门应考虑周边路网情况、道路转弯半径和坡度限制，大门的高度和宽度应满足大型构件运输车辆通行要求。施工单位要对预制构件从构件厂至施工现场的运输道路进行全面考察和实地踏勘，充分考虑道路宽度、转弯半径、路基强度、桥梁限高、限重等因素，合理安排运输路线，确保构件运输路线合理，且符合道路交通相关法律法规要求。

（2）机械设备布置

塔式起重机布置时，应充分考虑塔臂覆盖范围、塔式起重机端部吊装能力、单体预制构件的质量、预制构件的运输、堆放和构件装配施工。根据结构形状、场地情况、施工流水情况进行塔式起重机布置，如考虑群塔作业，尽可能使塔式起重机所担任的吊运作业区域大致相当；充分考虑构件最大重量、构件存放、安装位置等，合理选择塔式起重机型号；如需进行锚固，塔式起重机锚固位置应尽量选择在主体结构现浇节点位置。

（3）构件堆放场布置

预制构件存放场地应对构件重量、塔式起重机有效吊重、场地运输条件进行综合考量；存放场地应选择在塔式起重机一侧，避免隔楼吊装作业；构件存放场地大小根据流水段划分情况、构件尺寸、数量等因素确定；构件存放场地应平整、坚实，且有足够的地基承载力，并应有排水措施；构件存放场区应进行封闭管理，做明显标识及安全警示，严禁无关人员进入。

（4）运输构件车辆装卸点布置

为防止因运输车辆长时间停留影响现场内道路的畅通，阻碍现场其他工序的正常作业施工，装卸点应在塔式起重机或起重设备的塔臂覆盖范围之内，且不宜设置在道路上。

（5）内部临时运输道路布置

施工现场内道路规划应充分考虑现场周边环境影响，附近建筑物情况、地下管线构筑物情况、高压线、高架线等影响构件运输、吊装工作的因素，现场临时道路宽度、坡度、地基情况、转弯半径均应满足起重设备、构配件运输要求，并预先考虑卸料吊装区域，场区内车辆交汇、掉头等问题。

施工现场道路应按照永久道路和临时道路相结合的原则布置。施工现场内宜形成环形道路，减少道路占用土地。施工现场的主要道路必须进行硬化处理，主干道应有排水措施。临时道路要把仓库、加工场、构件堆放场和施工点贯穿起来，按货运量大小设计双行干道或单行循环道满足运输和消防要求，主干道宽度不小于 6m。构件堆放场端头处应有 12m×12m 车场，消防车道宽度不小于 4m，构件运输车辆转弯半径不宜小于 15m。

（6）构件存放场地要求

1）构件堆放区宜环绕或沿建（构）筑物纵向布置，其纵向宜与通行道路平行布置，构件布置宜遵循"先用靠外，后用靠里，分类依次，并列放置"的原则。

2）预制构件应按规格型号、出厂日期、使用部位、吊装顺序分类存放，且应标识清晰。

3）不同类型构件之间应留有不少于 0.9～1.2m 的人行通道，预制构件装卸、吊装工作范围内不应有障碍物，并应有满足预制构件吊装、运输、作业、周转工作的场地。

4）预制混凝土构件与刚性搁置点之间应设置柔性垫片，防止损伤成品构件；为便于后期吊运作业，预埋吊环宜向上，标识向外。

5）对于易损伤、污染的预制构件，应采取合理的防潮、防雨、防边角损伤措施。构件与构件之间应采用垫木支撑，保证构件之间留有不小于 200mm 的间隙。垫木应对称合理放置且表面应覆盖塑料薄膜。

2.2 预制构件进场转运

2.2.1 进场验收制度

预制构件进场前，应对构件生产单位设置的构件编号、构件标识进行验收。预制构件进场时，混凝土强度应符合设计要求。当设计无具体要求时，混凝土同条件立方体抗压强度不应小于混凝土强度等级值的 75%。预制构件有粗糙面时，与预制构件粗糙面相关的尺寸允许偏差可放宽 1.5 倍。采用装饰、保温一体化等技术体系生产的预制部品、构件，其质量应符合现行国家和行业有关标准的规定。预制构件装卸时应采取可靠措施；预制构件边角部位或与紧固用绳索接触部位，宜采用垫衬加以保护。预制构件运送到施工现场后，应按规格、品种、使用部位、吊装顺序分类设置存放场地。存放场地宜设置在塔式起重机有效起重范围内，并设置通道。预制墙板可采用插放或靠放的方式，堆放工具或支架应有足够的刚度，并支垫稳固。采用靠放方式时，预制外墙板宜对称靠放、饰面朝外，且与地面倾斜角度不宜小于 80°。预制水平类构件可采用叠放方式，层与层之间应垫平、垫实，各层支垫应上下对齐。垫木距板端不大于 200mm，且间距不大于 1600mm，最下面一层支垫应通长设置，堆放时间不宜超过两个月。预制构件堆放时，预制构件与支架、预制构件与地面之间设置柔性衬垫保护。预应力构件需按其受力方式进行存放，不得颠倒其堆放方向。

预制构件进场时，项目栋号工长组织材料、质量、实测、技术共同对构件外观、质量、尺寸等项目进行联合验收，土建验收，水电验收。

1. 构件进场检验内容及验收标准

（1）合格证以及交付的质量证明文件检查。

（2）检查构件在装卸及运输过程中造成的损坏。

（3）检查影响直接安装的环节，灌浆套筒或浆铺孔内是否干净，预埋件位置是否正确等。

（4）检查其他配件是否齐全。

（5）外形几何尺寸的检查。

（6）表面观感的检查应符合《装配式混凝土建筑技术标准》GB/T 51231—2016 第9.7.1条的规定。

（7）有装饰层的产品要检查装饰层是否有损坏。

2. 预制构件进场数量与规格型号检验

（1）核对进场构件的规格型号和数量，将清点核实结果与发货单对照。如果有误及时与构件制造工厂联系。

（2）构件到达施工现场应当在构件计划总表或安装图样上用醒目的颜色标记。并据此统计出工厂尚未发货的构件数量，避免出错。

（3）如有随构件配置的安装附件，须对照发货清单一并验收。

3. 质量证明文件检查

（1）预制构件的钢筋、混凝土原材料、预应力材料、套管、预埋件等检验报告和构件制作过程的隐蔽工程记录，在构件进场时可不提供，应在预制构件制作企业存档。

（2）对于总承包企业自行制作预制构件的情况，没有进场的验收环节，质量证明文件检查为检查构件制作过程中的质量验收记录。

4. 质量检验

（1）预制构件的质量检验是在预制工厂检查合格的基础上进行进场验收，外观质量应全数检查，尺寸偏差为按批抽样检查。

（2）梁板类简支受弯构件结构性能检验。梁板类简支受弯预制构件或设计有要求的预制构件进场时须进行结构性能检验。结构性能检验是针对构件的承载力、挠度、裂缝控制性能等各项指标所进行的检验。

（3）尺寸偏差检查。需要检查尺寸误差、角度误差和表面平整度误差。

为进一步加强对材料进场检验、验收的有效控制，保证材料质量符合规范及国家相关法律法规要求，在施工前项目部建立完善的原材料、半成品、成品及设备等物资进场检验、验收制度，并在施工过程中严格执行。

5. 预制构件进场验收

预制构件进入现场后由项目部材料部门组织有关人员进行验收，对预制混凝土构件的标识、外观质量、尺寸偏差以及钢筋灌浆套筒的预留位置、套筒内杂质、注浆孔通透性等进行检验，同时应核查并留存预制构件出厂合格证、出厂检验用同条件养护试块强度检验报告、灌浆套筒型式检验报告、连接接头抗拉强度检验报告、拉结件抗拔性能检验报告、预制构件性能检验报告等技术资料，未经验收或验收不合格的构件不得使用（图 2-3）。

为保证预制构件不存在影响结构性能和安装、使用功能的尺寸偏差，在材料进场验收时应利用检测工具对预制构件尺寸项进行全数、逐一检查；同时在预制构件进场后对其受力构件进行受力检测。

为保证工程质量，在预制构件进场验收时对其包括吊装预留吊环、预留栓接孔、灌浆套筒、电气预埋管、盒等外观质量进行全数检查，对检查出存在外观质量问题预制构件，可修复且不影响使用及结构安全按照专项技术处理方案进行处理，其余不得进场使用。

图 2-3　预制构件进场验收

6. 所用材料进场验收

（1）螺栓及连接件进场验收：装配式结构采用螺栓连接时应符合设计要求，并应符合现行国家标准《钢结构工程施工质量验收标准》GB 50205 及《混凝土用机械锚栓》JG/T 160 的相关要求。

（2）灌浆材料及坐浆材料进场验收：钢筋套筒灌浆连接接头采用的灌浆料应符合现行行业标准《钢筋连接用套筒灌浆料》JG/T 408 的规定。以每层为一检验批，每工作班应制作一组且每层不少于三组 40mm×40mm×160mm 灌浆料试块，标准养护 28d 后进行抗压强度检测试验，以确定灌浆料强度。

（3）外墙密封胶进场验收：密封胶应与混凝土具有相容性，以及规定的抗剪切和伸缩变形能力，尚应具有防霉、防火、防水、耐候等性能；硅酮、聚氨酯、聚硫建筑密封胶应分别符合国家现行标准《硅酮和改性硅酮建筑密封胶》GB/T 14683、《聚氨酯建筑密封胶》JC/T 482、《聚硫建筑密封胶》JC/T 483 的规定。

（4）钢筋定位钢板进场验收：钢筋定位钢板是在叠合板混凝土浇筑前后以及预制墙体安装前对待插入预制墙体的竖向钢筋进行定位的重要措施，在施工前项目部根据设计图纸对不同墙体及不同安装部位的钢筋定位钢板进行设计，并进行制作，制作完成后，在使用前对不同部位所使用钢筋定位钢板的平面尺寸、孔洞大小、孔洞位置进行检查，使之符合使用要求。

2.2.2　成品存储保护规定

1. 成品存储保护规定

预制构件脱模后，要经过质量检查、表面修补、装饰处理、场地存放、运输等环节，设计需给出支承要求，包括支承点数量、位置、构件是否可以多层存放、可以存放几层等。如果设计没有给出要求，工厂提出存放方案要经过设计确认。结构设计师对存放支承必须重视，给出构件支承点位置需进行结构受力分析，最简单的办法是吊点对应的位置做支承点。

工厂根据设计要求制定预制构件存放的方案，预制构件入库前和存放过程中应做好安全和质量防护。预制构件存放有三种方式：立放法、靠放法、平放法。立放法适合存放实心墙板、叠合双层墙板以及需要修饰作业的墙板。靠放法适用于三明治外墙板以及带其他异形的构件。平放法适用于叠合楼板、阳台板、柱、梁等。

成品质检、修补区的存放不仅要满足存放的要求，还要考虑到质检员、修补人员作业的要求。注意质检修补区应光线明亮，北方冬季应布置在车间内。水平放置的构件如楼板、柱子、梁、阳台板等构件应放在架子上进行质量检查和修补，以便看到底面。装饰一体化墙板应检查浇筑面后翻转180°使装饰面朝上进行检查、修补。立式存放的墙板应在靠放架上检查。预制构件经检查修补或表面处理完成后才能码垛存放或集中立式存放。套筒、浆锚孔、莲藕梁钢筋孔宜模拟现场检查区，即按照图样下部构件伸出钢筋的实际情况，用钢板和钢筋焊成检查模板，固定在地面，吊起构件套入，如果套入顺畅，表明没有问题，如果套不进去，进行分析处理，并检查整改模具固定套筒与孔内模的装置。

检查修补架要结实牢固且满足支撑构件的要求，架子隔垫位置应当按照设计要求布置；垫方上应铺设保护橡胶垫；质检修补区设置在室外，宜搭设遮阳遮雨临时设施；质检修补区的面积和架子数量根据质检量和修补比例、修补时间确定，应事先规划好。

（1）预制构件堆放场地应硬化处理，并有排水措施。

（2）构件成品应按合格区、待修区和不合格区分类堆放，并应对各区域进行醒目标识。

（3）预制构件堆放时受力状态宜与构件实际使用时受力状态保持一致，否则应进行设计验算。

（4）预制构件堆放应根据预制构件起拱值的大小和堆放时间采取相应措施。

（5）预制构件应根据其形状选择合理的堆放形式。立放时，宜采取对称立放，构件与地面倾斜角度宜大于80°，堆放架应有足够的承载力和稳定性，相邻堆放架宜连成整体；平放时，搁置点一般可选择在构件起吊点位置或经计算确定弯矩最小部位，每层构件间的垫块应处于同一垂直线上，堆垛层数应根据构件自身荷载、地基、垫木或垫块的承载能力及堆垛的稳定性确定，且不宜多于6层。

（6）垫块宜采用木质或硬塑胶材料，避免造成构件外观损伤；对于连接止水条、高低口、墙体转角等薄弱部位，应采用定型保护垫块或专用套件做加强保护。

（7）预制构件在驳运、堆放、出厂运输过程中应进行成品保护。

（8）预制构件在运输过程中宜在构件与刚性搁置点间填塞柔性垫片。

（9）预制外墙板面砖、石材、涂刷表面以及门窗可采用贴膜或其他专业材料保护。

（10）预制构件暴露在空气中的预埋铁件应镀锌或涂刷防锈漆；预留钢筋应涂刷阻锈剂、涂抹环氧树脂类涂层、包裹掺有阻锈剂的水泥砂浆、封闭特制的封套或采用电化学方法以避免锈蚀。

（11）预制构件出厂前，应对灌浆套筒的灌浆孔和出浆孔进行透光检查，并清理灌浆套筒内的杂物。

2. 构件运输

（1）构件运输前应制订预制构件的运输计划及方案，并进行实际路线踏勘。构件运输的总高度不宜超过 4.5m，总宽度不宜超过运输车辆的车宽；超高、超宽、形状特殊的大型构件的运输和码放应采取质量安全保证措施。

（2）预制构件的运输车辆应满足构件尺寸和载重的要求，装车运输时应符合下列规定：

1）装卸构件时应考虑车体平衡。

2）运输时应采取绑扎固定措施，防止构件移动或倾倒。

3）运输竖向薄壁构件时应根据需要设置临时支架。

4）对构件边角部或与紧固装置接触处的混凝土，宜采用垫衬加以保护。

5）运输线路有限高要求时，构件堆放高度不应超过限高要求。

（3）预制构件运输宜选用低平板车，且应有可靠的稳定构件措施。预制构件的运输应在混凝土强度达到设计强度后进行。

（4）预制构件采用装箱方式运输时，箱内四周应采用木材、混凝土块作为支撑物，构件接触部位应用柔性垫片填实，支撑应牢固。

（5）构件运输应符合下列规定：

1）平面墙板可选择叠层平放的方式运输。

2）复合保温或形状特殊的墙板宜采用插放架、靠放架直立堆放，插放架、靠放架应通过计算并具有足够的强度、刚度和稳定性，支垫应稳固，并宜采取直立运输方式。

3）预制叠合楼板、预制阳台板、预制楼梯可采用平放运输。

（6）预制构件在运输、堆放、安装施工过程中及装配后应做好成品保护，成品保护应采取包、裹、盖、遮等有效措施。预制构件堆放处 2m 内不应进行电焊、气焊作业。

（7）构件运输过程中一定要匀速行驶，严禁超速、猛拐和急刹车。车上应设有专用架，且需有可靠的稳定构件措施，用钢丝带加紧固器绑牢，以防运输受损。

（8）所有构件出厂应覆一层塑料薄膜，到现场及吊装时不得撕掉。

（9）预制构件吊装时，起吊、回转、就位与调整各阶段应有可靠的操作与防护措施，以防预制构件发生碰撞扭转与变形。预制楼梯起吊、运输、码放和翻身必须注意平衡，轻起轻放，防止碰撞，保护好楼梯阴阳角。

（10）预制楼梯安装完毕后，利用废旧模板制作护角，对楼梯阳角进行保护，避免装修阶段损坏。

（11）预制阳台板、防火板、装饰板安装完毕时，阳角部位利用废旧模板制作护角。

（12）预制外墙板安装完毕，与现浇部位连接处做好模板接缝处的封堵，采用海绵条进行封堵。避免浇灌混凝土时水泥砂浆从模板的接缝处漏出对外墙饰面造成污染。

（13）预制外墙板安装完毕后，墙板内预置的门、窗框应用槽型木框保护。

3. 预制构件运输过程成品防护应符合下列规定

（1）应根据预制构件种类采取可靠的固定措施。

（2）对于超高、超宽、形状特殊的大型预制构件的运输和存放应制定质量安全保证措施。运输时要设置柔性垫片避免预制构件边角部位或链索接触处的混凝土损伤。用塑料薄膜包裹垫块避免预制构件外观污墙板门窗框、装饰表面和棱角采用塑料贴膜或其他措施防护。

（3）竖向薄壁构件设置临时防护支架。

（4）装箱运输时，箱内四周采用木材和柔性垫片填实、支撑牢固。

（5）应根据构件特点采用不同的运输方式，托架、靠放架、插放架应进行专门设计，进行强度、稳定性和刚度的验算。

（6）外墙板宜采用直立式运输，外饰面层应朝外，梁、板、楼梯、阳台宜采用水平运输。

（7）采用靠放架立式运输，外饰面与地面倾角宜大于80°，构件应对称靠放，每层不大于2层，构件层间上部采用不垫块隔开。

（8）采用插放架直立运输时，应采取防止构件倾倒措施，构件之间应设置隔离垫块。

（9）水平运输时，预制梁、柱构件叠放不宜超过3层，板类构件叠放不宜超过6层。

4. 场内驳运

（1）构件成品驳运时，必须使用专用吊具，应使每一根钢丝绳均匀受力。钢丝绳与成品的夹角不得小于45°，确保成品呈平稳状态，构件应轻起慢放。

（2）成品驳运时，运输车应有专用垫木，垫木位置应符合图纸要求。运输轨道应在水平方向无障碍物，车速应平稳缓慢，不得使成品处于颠簸状态。

（3）驳运过程中发生成品损伤时，应按要求进行修补，并重新检验。

5. 安装施工时成品保护应符合以下规定

（1）交叉作业时，应做好工序交接，不得对已完成工序的成品、半成品造成破坏。

（2）在装配式混凝土建筑施工全过程中，应采取防止构件、部品及预制构件上的建筑附件、预埋铁、预埋吊件等损伤或污染的保护措施。

（3）预制构件上的饰面砖、石材、涂刷、门窗等处宜采用贴膜保护或其他专业材料保护。安装完成后，门窗框应采用槽型木框保护。

（4）连接止水条、高低口、墙体转角等薄弱部位，应采用定型保护垫块或专用套件做加强保护。

（5）预制楼梯饰面层应采用铺设木板或其他覆盖形式的成品保护措施，楼梯安装结束后，踏步口宜铺设木条或其他覆盖形式保护。

（6）遇有大风、大雨、大雪等恶劣天气时，应采取有效措施对存放预制构件成品进行保护。

（7）装配式混凝土建筑的预制构件和部品在安装施工过程、施工完成后不应受到施工机具的碰撞。

（8）施工梯架、工程用的物料等不得支撑、顶压或斜靠在部品上。

（9）当进行混凝土地面等施工时，应防止物料污染、损坏预制构件和部品表面。

2.3 预制构件吊装装备

装配式混凝土建筑的构件吊装具有构件重、数量多、接头复杂、安装精度要求高等特点。项目施工主要围绕预制构件的吊装展开，吊装设备型号、数量、位置将直接影响到整个装配式混凝土建筑施工技术项目的工期以及 PC 构件的拆分设计。施工单位应根据装配式混凝土建筑工程特点配置组织机构和人员。施工作业人应具备岗位需要的基础知识和技能，施工单位应对管理人员、施工作业人员进行质量安全技术交底。

安装施工前，应复核吊装设备的吊装能力，应按现行行业标准《建筑机械使用安全技术规程》JGJ 33 的有关规定，检查复核吊装设备及吊具是否处于安全操作状态，并核实现场环境、天气、道路状况等满足吊装施工要求。防护系统应按照施工方案进行搭设及验收。吊装工人需着装整齐统一，佩戴手套、安全帽、安全带、对讲机、锤子、撬棍、扳手、镜子等安全工具及辅助吊装工具。

2.3.1 吊装索具

1. 吊装机具类型（图 2-4）

（1）桁架吊梁：主要作用是让预制构件与吊钩之间成固定夹角，起到平衡构件的作用，便于构件安装。主要用于起吊叠合板。起吊时需注意构件各吊点均匀受力并保持水平。

（2）扁担吊梁：主要用于起吊预制墙板、预制楼梯、预制阳台、叠合梁等。使用时需根据构件吊点距离合理使用吊梁上的吊点，避免吊点局部斜向受力。

（3）吊绳及吊链：吊绳及吊链主要由环链与钢丝绳构成，是起重机械中吊取重物的装置，吊装中主要用于预制构件吊装。使用前需检查能否满足吊装要求并定期更换。

（4）鸭嘴扣：预制构件吊具连接件的一种，用于吊具与构件之间的连接。注意吊装构件的重量及鸭嘴扣型号（3t/5t）是否对应。

（5）卸扣：索具的一种，用于索具与末端配之间，起连接作用。在吊装中，直接连接吊环或者固定绳索。不得出现严重磨损、变形和疲劳裂纹。

（6）万向吊环：万向吊环通过螺杆与构件内预埋螺栓进行连接固定后可通过吊钩起吊构件。注意连接螺杆保持拧紧的状态且不得过拧造成螺杆滑丝。

（7）点式吊具：点式吊具实际就是用单根吊索或几根吊索吊装同一构件的吊具。

（8）一字形吊具（梁式）：采用型钢制作并带有多个吊点的吊具，通常用于吊装线形构件（如梁、墙板等）或用于柱安装。

（9）平面式吊具（架式吊具）：对于平面面积较大、厚度较薄的构件，以及形状特殊无法用点式或梁式吊具吊装的构件（如叠合板、异形构件等），通常采用架式吊具。

(a) 塔式起重机　　　　　(b) 汽车式起重机　　　　　(c) 履带式起重机

(d) 吊具

(e) 索具(鸭嘴扣、U形扣、万向吊扣)

(f) 点式吊具　　　　　(g) 一字形吊具　　　　　(h) 平面式吊具

图 2-4　吊装机具类型

2. 安装工具介绍（图 2-5）

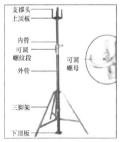

图 2-5　三角支架安装

（1）可调七子码：可调节七子码尺寸 140mm×150mm×300mm，主要作用为调整预制墙体竖向标高及临时固定。在预制墙板吊装就位后安装，调整好墙板定位及标高并固定斜支撑后可拆除。

（2）斜支撑：调节预制构件垂直度，预制墙体定位准确后，对其位置进行固定，直至坐浆、灌浆等工序完成且且灌浆料达到相应强度后拆除。注意竖向构件安装一般选用工具式可调节钢管支撑作为辅助安装工具，通过调节支撑杆长度起到预制构件临时固定、位置及垂直度控制的作用。预制墙板斜支撑结构由支撑杆与U形卡座组成。其中，支撑杆由正反调节丝杆、外套管、手把、正反螺母、高强销轴、固定螺栓组成，调节长度根据布置方案确定，然后定型加工。该支撑体系用于承受预制墙板的侧向荷载和调整预制墙板的垂直度。施工前应对斜支撑支座位置进行详细设计，并在顶板和预制墙体相应位置预埋螺栓套筒。斜支撑下部固定螺栓需提前预埋避免后期钻孔破坏安装管线。

（3）木梁卡具及叠合梁卡具：独立支撑顶部的U形卡具，类似传统钢管扣件支架中立杆上端的U形顶托。叠合梁卡具与木工字梁卡具不同在于叠合梁卡具直接作用在叠合梁下，不需要再设置木工字梁。

（4）独立支撑杆体系：独立支撑体系由上部U形卡具、独立支撑杆及下部三脚架组成，实际工况中独立支撑通过顶托卡具承托上部木工字梁或叠合梁，可调节支撑杆间无需设置水平连系杆。独立支撑由内、外双重钢管嵌套组成。内管外径48mm，外管外径60mm，其长度的调节方式同斜支撑即通过可调螺纹段调节杆体长度。

（5）顶板支撑：预制顶板支撑通常选用独立支撑体系。该体系由龙骨、龙骨托座、独立钢支柱和稳定三脚架组成。通过顶板支撑位置调整与墙体斜撑位置策划，确保顶板支撑与墙体斜撑互不影响，保证施工顺利进行。叠合板独立支撑体系需进行验算。独立钢支柱主要由外套管、内插管、微调节装置、微调节螺母等组成，是一种可伸缩微调的独立钢支柱，主要用于预制构件水平结构的垂直支撑，能够承受梁板结构自重和施工荷载。内插管上每间隔一段距离留一个销孔，可插入钢销，调整支撑高度。外套管上焊有一节螺纹管，同微调螺母配合。折叠三脚架用薄壁钢管焊接做成，核心部分有1个锁具，靠偏心原理锁紧。折叠三脚架打开后，抱住支撑杆，敲击卡棍抱紧支撑杆，使支撑杆独立、稳定。搬运时，收拢三脚架的三条腿，手提搬运或码放入箱中集中吊运。

（6）定位钢板：钢筋定位钢板是在叠合板混凝土浇筑前后以及预制墙体安装前对待插入预制墙体的竖向钢筋进行定位的重要措施，在施工前应根据设计图纸对不同墙体及不同安装部位的钢筋定位钢板进行设计，并进行加工制作。

3. 吊索吊具的验收与检验

（1）采购吊索吊具必须有合格证和检测报告，并存档备查。

（2）吊索吊具使用前应进行检验，在使用中也必须进行定期或不定期检在，以确保其始终处于安全状态。

（3）吊索吊具检验必须制订方案，明确检验方法，周期、频次、责任人，做好检验记录。

（4）吊索吊具须重点检查以下情况：

1）钢丝绳是否满足验收标准。

2）吊钩的卡索板是否完好有效。

3）吊具是否存在裂纹，焊口是否完好。

4）钢制吊具必须经专业检测单位进行探伤检测，合格后方可使用。

（5）钢丝绳的验收与检验

1）质保书检查——应能提供所检钢丝绳的产品质量保证资料或产品质量证明资料及矿用产品安全标志相关证明，是否符合《重要用途钢丝绳》GB/T 8918 标准。

2）尺寸和外观质量检查——直径、不圆度、不松散检查；外观检查，可采用目测方法，检查钢丝绳应捻制均匀、紧密和不松散，在展开和无负荷情况下，钢丝绳不得呈波浪状。绳内钢丝不得有交错、折弯、严重压伤和断裂等缺陷，但允许有因变形工卡具压紧造成的钢丝压扁现象存在。钢丝绳不应出现严重锈蚀、点蚀麻坑形成沟纹、外层钢丝松动或断股现象，钢丝绳试样直径与公称直径相比缩小不应超过 10%。

3）捻距的测量——捻距的测量是将钢丝绳的一段按每股依次选取 31 个点，用钢卷尺测量 31 个点间的距离，然后除以 5 即为该钢丝绳的实际捻距。

4. 工具式横梁

工具式横梁是一种通用性强、安全可靠、适合预制构件的吊装工具，用来改善预制构件吊点的受力状态，并调节预制构件的吊装姿态，方便预制构件的吊装就位。工具式横梁常用于梁、柱、墙板、叠合板等构件的吊装，可以防止因起吊受力不均而对构件造成破坏，便于构件的安装、矫正。工具式横梁通常采用工字钢或 H 型钢、角钢或钢板等材料焊接而成，吊梁长度应根据预制构件的宽度最大值确定，钢板上宜间隔 300mm 进行激光切割成孔或其他切割方式成孔以满足不同预制墙体吊装需求。

使用时根据被吊预制构件的尺寸、重量以及预制构件上的预留吊点位置，利用卸扣将钢丝绳和预制构件上的预留吊点连接。吊梁上设置多组圆孔，通过横梁的圆孔连接卸扣和钢丝绳进行吊装，保证吊索的垂直度以及吊装的效率；吊点可调式横梁通过调节活动吊钩的位置，来适应各种尺寸预制构件的吊装。

工具式横梁改变了传统吊装梁只适用于较少型号预制构件，可实现一种吊梁吊装多种预制构件的要求，节约工装成本，提高现场效率。

5. 液压可伸缩平衡梁（图 2-6）

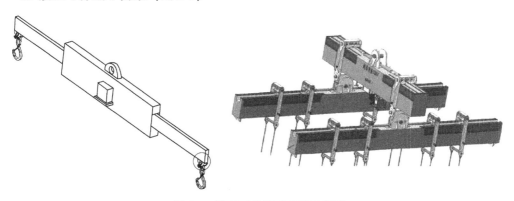

图 2-6 液压可伸缩平衡梁示意图

参考液压起重臂等伸缩结构，设计一种液压可伸缩的平衡梁，以适应多种形式预制构件的现场吊装。因平衡梁长度可伸缩，在狭小空间部位，吊装较方便。可伸缩平衡梁的基本原理是：钢平衡梁为结构件承重部分，分内筒和外筒。外筒固定，内筒可伸缩。在平衡梁内设置液压伸缩油缸，通过控制油缸的行程，控制平衡梁内筒的伸缩，实现平衡梁任意长度的调节（一定长度范围内），从而适应现场 PC 件的吊装。油缸通过快速接头与外置油泵连接，通过外置油泵来控制油缸的行程。通过控制油缸的行程，控制平衡梁内梁的伸缩，实现平衡梁任意长度的调节（一定长度范围内），从而适应现场 PC 件的吊装。

6. 机械可伸缩平衡梁

机械可伸缩吊装平衡梁，包括外筒、内筒和齿轮传动系统、吊重监控系统。外筒和内筒均为矩形钢管。外筒的上部以及两个内筒的端部及中部均设有吊耳。外筒的中部设置有驱动齿轮。驱动齿轮与驱动轴固定，驱动轴的轴承固定于外筒内侧，轴的端部与外筒平齐，并加工有内六角形状凹槽。手动摇柄的一端加工成外六角形状，与驱动轴的内六角形成配合，通过手动摇柄使驱动轴转动。外筒的中部设置有 2 个从动齿轮。从动齿轮与主动齿轮啮合，从动齿轮与主动齿轮均为锥形齿轮，夹角为 90°。外筒的中部设置的从动齿轮与内筒调节螺杆固定，内筒调节螺母与内筒固定，内筒调节螺杆与螺母做相对运动，带动内筒内外伸缩。外筒的中部设置的内筒调节螺杆共有 2 根，一根为正丝，另一根为反丝。

根据预制构件的吊点位置，调整平衡梁的长度。通过手动摇柄驱动平衡梁内筒外伸或内缩，使平衡梁内筒的端部吊耳与预制构件的吊点等长。将平衡梁装置与塔式起重机吊钩通过吊索连接，吊索由 2 根等长钢丝绳组成，保证平衡梁装置处于水平状态。平衡梁左右端部安装 2 根相同长度的吊索。操作塔式起重机，将平衡梁装置与预制构件连接。塔式起重机缓慢起钩。将预制构件调离地面 200～300mm，停止起钩。检查吊索、平衡梁与卸扣，以及构件水平状态等。塔式起重机起钩，将预制构件吊装至预定安装位置就位安装。待预制构件临时安装固定后，解除下部连接，塔式起重机吊装下一个预制构件。

7. 平衡梁（直臂带配重）

平衡梁装置由钢管、钢板等组成。平衡梁一端安装平衡块底座，平衡块底座采用厚钢板或铸钢件加工而成。平衡块底座与钢管焊接。平衡块底座上部有插销，可安装配重块。配重块采用厚钢板或铸钢件加工而成。靠近平衡块一侧对称焊接有吊耳。在靠近另一端上部对称焊接 2 块钢板，每块钢板上设置有多个圆孔作为吊耳。在远离平衡重的另一端焊接钢管。钢管上焊接钢板，钢板钻孔作为吊装构件的吊耳板。在平衡梁下部，竖向钢管焊接在水平钢管（平衡主梁）上，以保证平衡梁放置于地面时，保持整体水平状态。靠近配重的吊点固定，远离配重的吊点位置可调。通过吊点位置的调整，适应不同重量的构件吊装。

平衡梁装置吊装构件，起吊后，由于构件的重量，平衡梁向构件侧倾斜一定角度，使得靠近构件侧吊索夹角增大，塔式起重机吊钩与下部平衡梁及构件的重心合力点在一条竖线上，吊装处于平衡状态。构件吊装就位后，缓慢卸载。吊装构件侧的荷载逐渐减少，由于平衡梁配重的原因，平衡梁逐渐向配重侧倾斜。当构件完全卸载后，平衡梁向配重侧倾斜停止。靠近配重侧的吊索夹角增大，塔式起重机吊钩与下部平衡梁的重心重新处于一条竖线上，吊装重新处于平衡状态（图 2-7）。

8. 三角形平衡梁

三角形平衡梁由钢板制作而成。三角形平衡梁由一块主钢板、吊耳加强板以及加劲钢

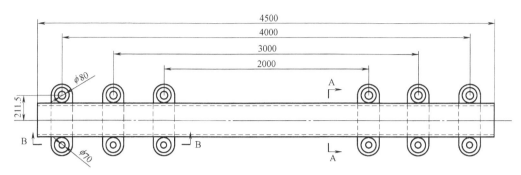

图 2-7 平衡梁示意图

板组成。主钢板里面开洞，用于减轻吊梁的自重。吊耳加强板焊接于主钢板的吊耳孔处，用于加强主钢板吊耳孔处的强度。加劲钢板对称焊接于主钢板两侧，用于保证主钢板平面外的稳定。三角形平衡梁上部设有一个吊点，用于与塔式起重机连接。下部设有三个吊点，用于与预制柱连接。可一次吊起 3 根预制柱，提高预制柱的吊装效率。

　　将塔式起重机吊钩与三角形平衡梁上部吊耳通过上部吊索连接。三角形横梁下部连接下部吊索。操作塔式起重机，将塔式起重机吊钩及三角形平衡梁旋转至预制柱正上方，降落塔式起重机吊钩，用三角形的下部一边吊耳与第一根预制柱连接，塔式起重机起钩，吊起第 1 根预制柱。由于三角形平衡梁处于单边受力，三角形平衡梁处于倾斜状态。第一根预制柱吊离地面 200mm 后，利用三角形平衡梁的另一边吊耳吊索连接第 2 根预制柱，再缓慢起钩，将第二根预制柱吊离地面 200mm。由于三角形平衡梁处于 2 边对称受力状态，三角形平衡梁处于水平状态。操作塔式起重机，将三角形平衡梁的中间吊耳与第 3 根预制柱连接，再将第三根预制柱吊离地面。操作塔式起重机吊钩，将预制柱起钩，吊装至相应楼层安装位置。分别依次将中间第 3 根预制柱、边吊耳第 2 根预制柱、边吊耳第 1 根预制柱缓慢就位，临时支撑固定后，解除吊索与预制柱的连接。预制柱的安装顺序与起吊顺序相反。重复步骤即实现预制柱的吊装。

9. 曲臂平衡梁

　　通过曲臂平衡梁装置和尾部的配重，实现不同重量的预制构件的吊装，并将预制构件吊装至楼层内或者结构侧壁，避免塔式起重机吊钩与建筑边缘碰撞。曲臂平衡梁装置下部一端设有吊点，用于连接吊装构件。平衡梁另一端设有平衡重，平衡重与主梁通过销轴连接。平衡梁装置中部附近设有吊杆，吊杆与平衡梁装置销轴连接，平衡梁装置可绕销轴转动。平衡梁配重端设有滚轮，用于平衡梁起吊时，配重端与地面的滚动接触。

　　将塔式起重机吊钩与构件吊装的平衡梁装置通过上部吊索连接，根据吊装构件重量及尺寸选择平衡梁装置上部的吊耳位置。操作塔式起重机，将塔式起重机吊钩及平衡梁装置旋转至构件正上方，降落塔式起重机吊钩，使平衡梁装置与吊装构件通过下部吊索连接。塔式起重机缓慢起钩，将构件调离地面，检查无误后，起钩并旋转吊臂，将构件吊装至就位楼层附近，高于楼层 100～200mm。移动塔式起重机小车，将构件吊装至楼层内，并使构件重心在楼层边线内一定距离后，缓慢降落塔式起重机吊钩，使构件不再承受平衡梁拉力。将构件脱钩，移动塔式起重机吊钩，使平衡梁退出楼层范围。重复步骤即实现构件的吊装。

10. 吊钩

手动脱钩吊钩包括上部插销、吊梁、弹簧、锁块、下部插销、插销套筒、导向轮、拉线。吊钩为上下开口U形结构。手动脱钩吊钩通过上部插销和塔式起重机吊钩连接，通过塔式起重机吊钩实现下部吊钩360°的旋转。吊钩通过下部插销和构件连接，通过下部插销的水平动作实现脱钩的目的。在地面采用手动将构件与吊钩连接。将下部插销拨至闭合状态，锁止块将插销锁死。构件吊装就位后，下落吊钩，吊钩处于自重受力状态。牵引拉线，将锁止块上提，插销在拉线拉力下向右运动，实现脱钩。

将塔式起重机吊钩与预制构件吊装的手动脱钩吊钩通过上部插销连接，将吊索卸扣与手动脱钩吊钩通过下部插销连接。操作塔式起重机，将塔式起重机吊钩及手动脱钩吊钩旋转至预制构件正上方，降落塔式起重机吊钩，使吊索与预制构件相连接。塔式起重机缓慢起钩，将预制构件调离地面，检查无误后，起钩并旋转吊臂，将预制构件吊装至安装位置处。塔式起重机吊钩缓慢降落，使预制构件受临时支撑稳定后，再缓慢降落吊钩，手动脱钩吊钩处于自重状态。牵引拉线，将锁土块上提。插销在拉线拉力下向右运动，实现脱钩。重复步骤即实现构件的吊装。

11. 吊装配件

（1）钢丝绳

钢丝绳是将力学性能和几何尺寸符合要求的钢丝按照一定的规则捻制在一起的螺旋状钢丝束，它由钢丝、绳芯及润滑脂组成。钢丝绳先由多层钢丝捻成股，再以绳芯为中心，由一定数量股绕成螺旋状的绳。钢丝绳的强度高、自重轻、工作平稳、工作可靠。在装配式混凝土结构施工中，钢丝绳主要用于吊装预制构件，其选型是否正确、是否安全牢固影响着施工的安全性。

（2）圆头吊钉

圆头吊钉通过圆脚把载荷转移到混凝土，从而用相对较短的吊钉也能获得较高的允许载荷。即使用在薄墙中，载荷也能有效传递到混凝土与钢筋上。由于吊钉的圆脚轴对称形状，不同于其他类型的预埋吊钉/螺栓，因此放置吊钉时不需要有特殊的定位。

（3）鸭嘴吊扣

鸭嘴吊扣一般采用合金钢锻造工艺加工，与吊钉配合使用。挂钩前确认吊钉和鸭嘴吊扣相匹配。将鸭嘴扣开口处对准吊钉，向下压入使吊钉套入鸭嘴扣中。旋转鸭嘴扣球头鸭舌，使吊钉卡入鸭嘴扣闭合槽中。球头鸭舌应尽量旋转到闭合极限位。鸭嘴扣落入凹槽中，等待吊装。放下构件，旋转鸭嘴扣球头鸭舌，使吊钉处于开口位置以便取下鸭嘴扣。将吊头拉起，不要让其吊钉上方摇晃，防止误挂（图2-8）。

（4）万向吊环

万向吊环下部为丝杆，与螺纹套筒配合使用，吊环上部可360°旋转。万向吊环一般采用合金钢锻造成型。使用注意事项：

1）万向吊环使用时，勿超过额定载荷。

2）螺纹套筒预埋时，应垂直于预制构件表面。吊环上部吊索拉力方向应竖直向上，不应歪拉斜吊，以保证吊环下部丝扣的竖向受力。

3）吊环与螺纹套筒连接时，应保证吊环垫圈与工件表面全接触，中间不得有间隙。不得在吊环垫圈和工件表面之间加装垫物。

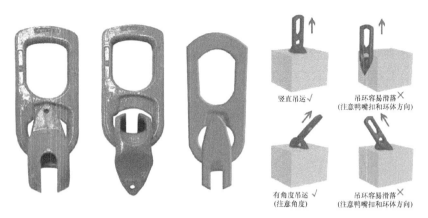

图 2-8　鸭嘴吊扣

4）起吊时，应匀速施加载荷，逐渐加力，勿施加冲击载荷及振动载荷。

5）旋转吊环使用时，吊环螺栓可能会逐渐松动，应确认吊环与套筒拧紧，若有松动必须重新调紧。

6）应经常检查万向吊环的丝扣部位，若有损坏，应停止使用。平时存放时，应涂润滑油保养（图 2-9）。

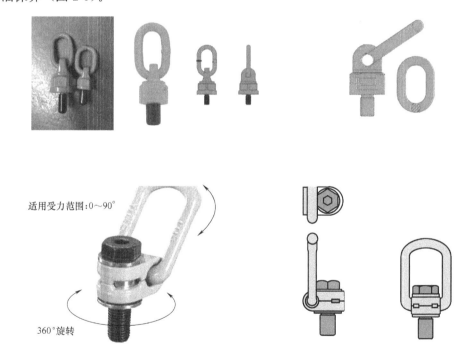

图 2-9　万向吊扣

（5）手拉葫芦

装配式混凝土结构较常使用手拉葫芦，利用手拉葫芦来调节预制构件吊装的水平度，以及就位时的安装调节。手拉葫芦具有重量轻、体积小、携带方便、操作简单、能适应各种作业环境等特点。

（6）卸扣

按材质分类，常见的有碳钢、合金钢、不锈钢、高强度钢等。按外形分直形和椭圆形。按活动销轴的形式分销轴式和螺栓式。国内市场上常用的卸扣，按生产标准一般分为国标、美标、日标三类，其中美标的最常用，因为其体积小承载重量大而被广泛运用（图2-10）。

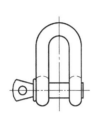

图 2-10　卸扣

使用注意事项：

1）卸扣应光滑平整，不允许有裂纹、重皮、锐边、过烧、飞边和变形等缺陷。使用时，应检查扣体和插销，不得严重磨损、变形和疲劳裂纹。

2）卸扣必须是锻造的，一般用 45 号钢或 40Cr 锻造后经过热处理而制成的，以便消除残余应力和增加其韧性，不得使用铸造和补焊的卸扣。

3）销轴在承吊孔中应转动灵活，不得有卡阻现象。

4）使用时不得超过规定的载荷，应使用销轴与扣顶受力，不能侧向（横向）受力，横向使用会造成扣体变形。

5）在物体起吊时应使扣顶在上、横销在下，使绳扣受力后压紧销轴，销轴因受力在销孔中产生摩擦力，使销轴不易脱出。

6）不得从高处往下抛掷卸扣，以防止卸扣落地碰撞而变形以及内部产生损伤及裂纹。

7）轴销正确装配后，扣体内宽不得明显减少，螺纹连接良好。

8）卸扣的使用不得超过规定的安全负荷。

12. 吊装工具使用注意事项

（1）吊装工具在使用之前，对于吊链、卸扣、钢丝绳等吊具，应检查吊具的出厂合格证和安全生产许可证，确保产品为合格产品。

（2）吊装工具应在额定起重量之内进行起重吊装，不得超负荷使用吊装工具。

（3）吊装工具应正确地使用，并应安排专人负责，妥善保管与维护。

（4）吊装用的钢丝绳宜根据吊装构件的重量、外形尺寸定做，对钢丝绳进行编号，不宜混用。

（5）钢丝绳的端头宜采用专用锁具进行固定，以保证制作的吊索长度一致且长度误差满足要求，避免制作的吊索长度偏差较大，造成预制构件吊装时倾斜，不易就位，影响吊装效率。

（6）手拉葫芦要定期检查内部棘轮，并上油维护。

(7) 对达到报废标准的钢丝绳及其他吊具，应进行报废处理。

2.3.2 吊装起重设备

预制混凝土构件的吊装作业在整个装配式建筑施工过程中起到了混凝土构件起吊、就位、调整的作用，完成预制混凝土构件的临时就位工序。主要考虑起重机械的种类与特点、吊装机具的种类与选用、预制混凝土墙板的吊装作业、预制混凝土楼板的吊装作业、预制混凝土梁的吊装作业、预制混凝土楼梯的吊装作业、其他预制混凝土构件吊装作业等。重点是对预制混凝土构件吊装作业前期的设备用具选择配对及规定，对不同种类预制混凝土构件的吊装流程、吊装操作方法、临时固定设施、注意要点等工作。预制构件吊装是装配式混凝土结构施工过程中的主要工序之一，吊装工序极大程度地依赖起重机械设备。

塔式起重机（选用时应根据构件重量、塔臂覆盖半径等条件确定）、汽车式起重机

图 2-11　装配式建筑与部件吊装

（选用时应根据构件重量、吊臂覆盖半径等条件确定）、可调式斜撑杆、可调式垂直撑杆、钢丝绳、平衡梁、吊带、调平葫芦等，配备 PC 吊装人员共计 6～8 名，起钩和吊具安装人员 1 名，调度人员 1 名，构件安装人员 3～5 名，总协调 1 名。作业人员应已经培训到位，塔式起重机司机、吊装工等特种作业人员均持证上岗（图 2-11）。

1. 塔式起重机

塔式起重机简称塔机，是指动臂装在高耸塔身上部的旋转起重机。塔式起重机作业空间大，主要用于房屋建筑施工中物料的垂直和水平输送及建筑构件的安装，在装配式混凝土结构施工中，用于预制构件及材料的装卸与吊装。

塔式起重机由金属结构、工作机构和电气系统三部分组成。金属结构包括塔身、动臂和底座等。工作机构有起升、变幅、回转和行走四部分。电气系统包括电动机、控制器、配电柜、连接线路、信号及照明装置等。施工过程中，应规范塔式起重机械的安拆、使用、维护保养，防止和杜绝由塔式起重机引发的生产安全事故，保障人身及财产安全。塔式起重机的安全管理应遵守现行国家标准《塔式起重机安全规程》GB 5144，以及其他相关地方标准的规定（图 2-12）。

（1）塔式起重机具有的优点——具有一机多用的机型（如移动式、固定式、附着式等），能适应施工的不同需要；附着后升起高度可达 100m 以上；有效作业幅度可达全幅度的 80%；可以载荷行走就位；动力为电动机，可靠性、维修性都好，运行费用极低。

（2）塔式起重机存在的缺点——机体庞大，除轻型外，需要解体，拆装费时、费力；转移费用高，使用期短不经济；高空作业，安全要求高；需要构筑基础。

2. 自行式起重机

自行式起重机是指自带动力并依靠自身的运行机构沿有轨或无轨通道运移的臂架型起

图 2-12　塔式起重机

重机。该类起重机分为汽车起重机、轮胎起重机、履带起重机、铁路起重机和随车起重机等几种。自行式起重机分上下两大部分：上部为起重作业部分，称为上车；下部为支承底盘，称为下车。动力装置采用内燃机，传动方式有机械、液力-机械、电力和液压等几种。自行式起重机具有起升、变幅、回转和行走等主要机构，有的还有臂架伸缩机构。臂架有桁架式和箱形两种。有的自行式起重机除采用吊钩外，还可换用抓斗和起重吸盘。表征其起重能力的主要参数是最小幅度时的额定起重值（图 2-13）。

图 2-13　自行式起重机与构件吊装

选择汽车式起重机需根据项目预制构件的重量及总平面图初步确定汽车式起重机所在位置，然后根据汽车式起重机参数来确定型号，优先选择满足施工要求且较小的汽车式起重机型号。汽车式起重机的布置位置还需满足尺寸及支腿纵、横向跨距范围要求。对汽车式起重机的起吊停靠位置的地面进行夯实硬化处理，满足承载力要求。根据汽车式起重机起重高度及吊装距离的起重量选择合适的型号，应注意汽车式起重机是否带配重，不同配重的情况下起重量有所不同。

（1）自行式起重机具有的优点——采用通用或专用汽车底盘，可按汽车原有速度行驶，灵活机动，能快速转移；采用液压传动，传动平稳，操纵省力，吊装速度快、效率高；起重臂为折叠式，工作性能灵活，转移快。

（2）自行式起重机存在的缺点——吊重时必须使用支腿，不能载荷行驶；转弯半径大；越野性能差；维修要求高。

3. 起重机械的选型

（1）起重性能对端部起重量的要求

传统建筑施工以湿法现浇为主，塔式起重机主要吊装可自由组合重量的钢筋、水泥、砖等各种散货，单次吊装的起重量可以组合得较小，故目前传统建筑市场使用的塔式起重机以 TC 5610、TC 6015 等机型为主。但在装配式混凝土结构下，为达到较高的施工效率，预制柱、预制剪力墙、叠合梁等构件单件质量通常较重。目前预制构件的拆分全预制剪力墙重达 7t 左右，叠合梁重达 5t 左右，全预制楼梯重达 4t 左右，均远大于传统现浇的材料分解重量。故市场保有量 80％以上的端部起重量在 1t 左右及以下的塔式起重机不能满足装配式混凝土结构的吊装要求，需要更大吨位的起重设备。一般认为，为满足 100m 左右的高度、覆盖范围 50m 左右的高层施工吊装要求，塔式起重机端部起重量不应低于 2.5t，并且应布置至少两台以完成较重构件的吊装；也可以选用起重量在 4t 左右的一台塔式起重机完成吊装任务。而对于更大跨度的覆盖范围，则其端部起重量应根据塔式起重机数量和工程进度安排等实际情况选择。

（2）起重性能对起升机构的要求

起重力矩是塔机的主要参数，塔机的金属结构按额定起重力矩设计，即不论吊重幅度如何，相应的额定起重量与吊具系统之和对臂根的力矩为常数。选择塔式起重机起升机构时，为充分发挥起升机构使用性能，在电机总功率一定的情况下，速度与力（也就是载荷）按"重载低速、轻载高速"的原则匹配；因此起升机构通常设置了 2 倍率、4 倍率甚至更大倍率，以充分挖掘电机的工作性能，提高设备工作效率。在塔式起重机选型和定位设计时，应保证各幅度时的额度起重量大于该幅度下起吊的单个预制构件的重爪。为充分发挥塔式起重机金属结构性能，塔式起重机最大起重虽一般应远大于最大幅度时的起重；在使用中可能会出现起重量较大且超过该幅度较小倍率时额定起重量的情况。如在最大起重值和起重力矩范围内，使用 2 倍率不能满足起重量的要求，则必须使用 4 倍率甚至更大的钢丝绳倍率，这样就必然使塔机在整个起升高度内都要使用较大的倍率以完成吊装任务，因此必须将起升钢丝绳长度增加一倍甚至更长以满足这个新的变化，也就是必须增加起升机构的容绳值，因此对起升机构的性能和设计提出了新的要求。

（3）起重性能对设备故障和维修性能的要求

装配式混凝土结构模式下建造速度的提高很大程度上取决于各预制构件的现场装配速度，而各预制构件的装配速度不仅取决于现场安装人员的工作熟练程度，更取决于塔机的性能和安装数；塔机故障对建造施工进度及效率的影响非常大，预制率越高，影响就越大，起重吊装过程逐渐会成为施工中的关键一环，极端情况时可能出现设备发生故障、全部人员停工的事故，所以对塔机的平均无故障时间、平均维修时间及维护人员素质等都提出了新的要求和挑战。

（4）起重性能对电气控制系统的要求

在工厂或现场预先制造的板、柱、梁等混凝土构件在建筑现场拼装形成建筑物，预制构件的尺寸、精度更精准，与传统湿法施工方式相比，其精度等级由厘米级提升到了毫米级；预制构件的单件重虽也由可人工搬动提高到必须使用起重机械来完成；原先由现场砌筑工人控制的项目，如墙面间距离、角度等改为由现场装配精度来保证。为保证建筑符合设计要求，对各预制构件的就位和安装提出了新的要求，同时因施工现场狭小，为保证施工效率和施工安全，对起重机械的平稳性和可操纵性提出了更高的要求，对起重机械控制系统的精度要求也提升到了厘米级甚至更高的要求，电控系统还必须响应快速灵敏且可微动操作，各机构起停平稳、晃动小等。

（5）起重性能对可视性的要求

因塔式起重机司机与施工人员的分离且空间距离较大，为保证预制构件就位准确、快速，两者之间的直接沟通必不可少，如能让司机直接观察到预制构件的就位情况，显然更有利于司机的就位操作和减少误操作，提高吊装效率，有效减少现场安全事故的发生，通过使用可视技术显然是满足这个要求的有效途径。

（6）起重性能吊重风载荷问题

因塔式起重机所吊重物尺寸的不确定性，现行《塔式起重机设计规范》GB/T 13752对重物风载荷采用了估算的方法，一般推荐为重物重量的 3％且不小于 500N；且起重量越大，风载荷推荐值比例越小，如起重量 50t 时，风载荷估算推荐值约为起重量的 1.5％。对于传统建筑业，因没有大表面积的重物吊装，以上估算风载荷经多年使用证明是可靠的；装配式混凝土结构则存在大量的厚度小、表面积大且重量较大的预制构件（如剪力墙、楼板等），实际风载荷会远大于 3％的估算值，故设计规范的估算风载荷显然与实际情况差别较大，尤其吊重处于接近起重臂端部时，吊重风载荷对起重臂根部、塔身标准节的腹杆影响很大，因此对适合装配式混凝土结构施工使用的塔式起重机有必要重新估算吊臂风载荷大小以保证设备的使用安全。

4. 塔式起重机的选型及安装

与现浇工程相比，装配式混凝土施工最重要的变化是塔式起重机起重量大幅度增加。根据具体工程构件重量的不同，一般在 5～14t。剪力墙工程比框架或筒体工程的塔式起重机要小些。选择塔式起重机需要根据吊装构件重量确定规格型号。

起吊重量：起吊重量＝（起吊构件重量＋吊索吊具重量＋吊装架重量）×1.2 系数起重机臂长（末端起吊能力）：起吊重量＝（起吊构件重量＋吊索吊具重量＋吊装架重量）×1.2 系数起升速度：起升速度决定了吊装效率，按照每天计划的吊装数量和吊装时间，结合吊装高度算出最小起升速度，起升速度要满足吊装需求。

计算高度：计算起吊高度需考虑吊索吊具及吊装架的高度。

塔式起重机的选型应当在项目设计阶段与施工方确定下来，确保拆分设计的构件能在塔式起重机的起重范围内。具体应考虑如表 2-1 的因素。

塔式起重机的起重范围内一览表　　　　　　　　　　　　表 2-1

型号	可吊构件重量	可吊构件范围	说明
QTZ80 （5613）	1.3～8t （max）	柱、梁、剪力墙内墙（长度 3m 以内），夹心剪力墙板（长度 3m 以内）外挂墙板、叠合板、楼梯、阳台板、遮阳板	可吊重量与吊臂工作幅度有关，8t 工作幅度是在 3m 处；1.3t 工作幅度是在 56m 处
QTZ315 （S315K16）	3.2～16t （max）	跨层柱、夹心剪力墙板（长度 3～6m）、较大的外挂墙板、特殊的柱、梁、双莲藕梁、十字莲藕梁	可吊重量与吊臂工作幅度有关，16t 工作幅度是在 3.1m 处；3.2t 工作幅度是在 70m 处
QTZ560 （560K25）	7.25～25t （max）	夹心剪力墙板（长度 6m 以上）、超大预制板、双 T 板	可吊重量与吊臂工作幅度有关，25t 工作幅度是在 3.9m 处；9.5t 工作幅度是在 60m 处

（1）塔式起重机布置原则

覆盖所有吊装作业面塔式起重机幅度范围内所有构件的重量符合起重机起重量。宜设置在建筑旁侧，条件不许可时，也可选择核心筒结构位置（图2-14）。

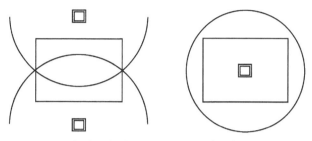

图 2-14　边侧布两部塔式起重机/中心布置部塔式起重机

塔式起重机不能覆盖裙房时，可选用汽车式起重机吊装裙房预制构件（图2-15）。尽可能覆盖临时堆放场地；方便支设和拆除，满足安全要求；可以附着主体结构。尽量减少塔式起重机交叉作业的机会；保证塔式起重机起重臂与其他塔式起重机的安全距离，以及周边建筑物的安全距离。按照塔式起重机制造商提供的荷载参数设计建造混凝土基础，且塔式起重机基础布置应避让相关设备用房。混凝土基础的抗倾翻稳

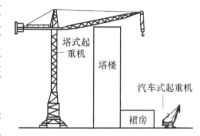

图 2-15　裙房选用汽车式起重机方案

定性计算及地面压力的计算应符合《塔式起重机设计规范》GB/T 13752 中第 4.6.3 条的规定。

塔式起重机需要附着在预制构件上，设计时要计算塔式起重机附着荷载，设计预埋件，在工厂制作构件时一并完成。不得用事后锚固的方式附着塔式起重机。若采用制造商推荐的固定支腿、预埋件、地脚螺栓，应按制造商要求的方法使用。装配式混凝土工程吊装不同于传统施工，在确定提升和附墙设计时，应严格考虑附墙位置结构达到强度时间是否与吊装产生矛盾，在安全系数不足的情况下，采用提前支设附墙、增加附墙数量的方法解决。

（2）塔式起重机的安装定位

塔式起重机选型是根据建筑物结构形式、预制构件最大安装高度、重量及吊装工程量等条件来确定。塔式起重机的布置主要根据建筑平面形状、预制构件重量、起重机性能以及现场地形等条件来确定，选型之前要先对建筑物各部分的预制构件重量进行计算，校验其重量是否与塔式起重机各幅度能够起吊重量相匹配；并适当留有余量；再综合塔式起重机实际的起重力矩、预制构件吊装高度等方面的因素综合进行确定。装配式混凝土结构影响塔式起重机选型的因素有了很大变化，由于其吊装成型的预制构件改变了构件吊装工序和吊次，塔式起重机与施工流水段划分及施工流向相互关联影响，除按照一般规则选型和安装外，还应考虑以下一些因素：

1）根据最重预制构件重量、位置以及塔式起重机的大致安装位置进行塔式起重机选型，其型号应能够满足最重构件的吊装要求和最大幅度处的吊装要求。

2）根据建筑平面图、建筑结构形式、地下室结构等场地情况，预制构件的运输路线

以及施工流水情况最终确定塔式起重机的安装位置。塔式起重机安装位置应能够覆盖全部施工场地，并尽可能靠近起重量大的区域。考虑到群塔作业影响，应限制塔式起重机相互关系及臂长，并使各塔式起重机所承担的吊装作业区域大致均衡。

3）因存在大量预制构件的平面运输，必须合理规划场内运输线路，对运输道路坡度及转弯半径进行控制。塔式起重机选型完成后，根据各预制构件重量及安装位置的相对关系进行道路布置；并依据塔式起重机的覆盖情况，综合考虑各预制构件堆场位置。

4）根据各预制构件的最大重量、施工中可能起吊的最大重量及位置与塔式起重机起重性能对比校验，并留有合适的余量，以防出现在方案设计中未考虑到的例外情况。

（3）塔式起重机附着的要求

传统的现浇混凝土结构中，可在结构的梁、柱或剪力墙上设置锚固位置，根据锚固位置的受力情况计算，局部增加配筋进行加强处理，且时间足够埋设预埋件处的混凝土凝固。装配式混凝土结构建造速度快，在锚固时结构可能尚未形成整体，或结构外墙预制构件不能满足附着受力要求，附着埋设不能按湿法施工时的方式处理。为使锚固点位置准确、受力合理，保证附着装置撑杆的角度，且缩短附着锚固工期，有必要设置专用工具或附着钢梁等来满足附着受力要求。

5. 吊索具的选型

预制构件类型多、形状和重心等千差万别，预制构件的吊点应提前设计好，根据预留吊点选择相应的吊具。无论采用几点吊装，都要始终使吊钩和吊具连接点的垂线通过被吊构件的重心，因为这直接关系到吊装的操作安全。为使预制构件吊装稳定，不出现摇摆、倾斜、转动、翻倒等现象，应通过计算合理地选择合适的吊具。

（1）钢丝绳的选型、连接与报废

参见 2.3.1 中 11. 吊装配件相关要求。

（2）卸扣使用与报废标准

卸扣是连接吊点与钢丝绳的连接工具。卸扣要正确地支撑着荷载，即作用力要沿着卸扣的中心线的轴线上，避免弯曲、不稳定的荷载，更不可过载；销轴在承吊孔中应转动灵活，不允许有卡阻现象；卸扣本体不得承受横向弯矩作用，即作用承载力应在本体平面内；卸扣表面有裂纹、本体扭曲达 10%、表面磨损达 10%、横销不能闭锁、螺栓坏死或滑牙等现象就应报废。

（3）葫芦的选型

葫芦分为捯链（图 2-16）和动力葫芦。手拉葫芦和手扳葫芦均属于捯链，具有重量轻、体积小、携带方便、操作简单、能适应各种作业环境等特点。手拉葫芦是通过曳动手链条、手链轮转动，将摩擦片棘轮、制动器座压成一体共同旋转，5 齿长轴转动片齿轮、4 齿短轴和花键孔齿轮，装置在花键孔齿轮上的起重链轮带动起重链条，从而平稳地提升重物。手扳葫芦是通过人力扳动手柄借助杠杆原理获得与负载相匹配的直线牵引力，轮换地作用于机芯内负载的一个钳体，带动负载运行。不同点是手拉葫芦是用手拉链条进行驱动，多用于垂直提升重物，而手扳葫芦是用扳手柄方式进行驱动，多用于水平方向移动重物。

动力葫芦按吊索形式有钢丝绳和环链两种类型。电动葫芦和气动葫芦均属于动力葫芦。动力葫芦可安装于单轨起重机、旋臂起重机、手动单梁起重机、电动单梁桥门式起重机和悬挂式起重机上，用来升降和移运物品。这种葫芦具有结构简单、制造和检修方便、互换性好、操作简便等特点。

图 2-16 捯链

6. 工具式横吊梁

吊装工具梁是一种通用性强、安全可靠、适合预制构件吊装使用的吊装工具。该工具梁采用合适型号及长度的工字钢或类似材料焊接而成；使用时根据被吊预制构件的尺寸、重量以及预制构件上的预留吊环位置，利用卸扣将钢丝绳和预制构件上的预留吊环连接；吊装梁上设置有多组圆孔，无论吊装何类预制构件，均可通过吊装梁的圆孔连接卸扣与钢丝绳进行吊装，保证吊装安全和吊装工效。这种吊装梁改变了传统吊装附具只适用较少预制构件吊装的单一结构，可实现一种吊具吊装多种预制构件的要求，有利于现场的文明施工。

吊点可调式横吊梁在横吊梁中设有两个吊点距离可调的活动调节吊钩，因此能适用各种尺寸预制构件的吊装，有效地降低了吊运成本；横吊梁由于吊钩通过钢丝绳与吊件成垂直状态，两侧的吊点与中心距离相等，不会造成吊件倾斜而发生事故（图 2-17）。

图 2-17 工具横吊梁

3

预制构件吊装施工工艺

3.1 预制构件吊点设计

3.1.1 吊点布置

　　装配式建筑预制构件常用的吊点有脱模吊点、翻转吊点、吊运吊点、安装吊点等。预制构件进行脱模验算时等效静力荷载标准值应取构件自重标准值乘以动力系数后与脱模吸附力之和，且不宜小于构件自重标准值的1.5倍。预制构件进行脱模验算一般考虑预制构件的翻转、运输、吊运、安装荷载，预制构件自重以及脱模吸附力等。预制构件在翻转、运输、吊运、安装等短暂设计状况下的施工验算应将构件自重标准值乘以动力系数后作为等效静力荷载标准值。对于夹心保温构件或装饰体构件脱模时构件自重应包括保温层、外叶板装饰面材等全部重量。脱模吸附力与构件形状、模具材质、光洁程度和隔离剂种类及涂刷质量有关，实际吸附力的大小可以通过脱模起重设备的计量装置测得。预制构件工厂应当有吸附力经验数据，脱模设计时设计人员应予以了解（图3-1）。

图 3-1　吊点布置

1. 吊点布置原则

用于脱模、翻转、吊运和安装的吊点不宜借用预制构件安装预埋件，如外挂墙板的安装预埋件，而应专门设置。脱模、翻转、吊运和安装作业需要的吊点可以互相共用。预制构件吊点布置应受力合理，除局部构造加强外，不额外增加构件配筋，重心平衡，与钢筋、套筒和其他预埋件互不干涉，制作与安装便利。装配式建筑预制构件吊点布置原则详见表3-1。

装配式建筑预制构件吊点一览表 表3-1

构件类型	构件细分	工作状态				吊点方式
		脱模	翻转	吊运	安装	
柱	模台制作的柱子	△	○	△	○	内埋螺母
	立模制作的柱子	○	无翻转	○	○	内埋螺母
	梁柱一体化构件	△	○	○	○	内埋螺母
梁	梁	○	无翻转	○	○	内埋螺母、钢索吊环、钢筋吊环
	叠合梁	○	无翻转	○	○	内埋螺母、钢索吊环、钢筋吊环
楼板	有桁架钢筋叠合楼板	○	无翻转	○	○	桁架筋
	无桁架钢筋叠合楼板	○	无翻转	○	○	内埋螺母、预埋钢筋吊环
	有架立筋预应力叠合楼板	○	无翻转	○	○	架立筋
	无架立筋预应力叠合楼板	○	无翻转	○	○	内埋螺母、钢筋吊环
	预应力空心板	○	无翻转	○	○	内埋螺母
墙板	有翻转台翻转的墙板	○	○	○	○	内埋螺母、吊钉
	无翻转台翻转的墙板	△	◇	○	○	内埋螺母、吊钉
楼梯板	模台生产	△	○	△	○	内埋螺母、钢筋吊环
	立模生产	△	○	△	○	内埋螺母、钢筋吊环
阳台板、空调板等	叠合阳台板、空调板	○	○	○	○	内埋螺母、软带捆绑(小型构件)
	全预制阳台板、空调板	△	◇	○	○	内埋螺母、软带捆绑(小型构件)
飘窗	整体式飘窗	○	◇	○	○	内埋螺母

注：○为安装吊点，△为脱模吊点，◇为翻转吊点，其他栏中标注表明共用。

（1）脱模吊点布置

预制构件脱模吊点布置有三种情况：一是，与吊运安装时的吊点为同一吊点。梁、无桁架筋或架立筋的楼板、平模制作的楼梯板、空调板、阳台板、女儿墙、有自动翻转台的流水线上制作的墙板、立模制作的墙板和立模制作的柱子等。二是，借用桁架筋、架立筋构件脱模时的吊点与构件吊运与安装时的吊点为同一吊点，但不是专门设置的吊点而是借用桁架筋、架立筋。包括有桁架筋的叠合楼板和有架立筋的预应力叠合楼板。三是，专设脱模吊点构件脱模时的吊点，与构件吊运、安装时的吊点不共用同一吊点，而是专门设置的脱模吊点，包括柱子、在固定模台和没有自动翻转台的流水线上生产的墙板、立模生产的楼梯板等。

（2）翻转吊点布置

流水线上有自动翻转台或立模生产的构件不需要设置翻转吊点，在固定模台制作或流水线没有翻转平台时，需设置翻转吊点。柱子大多是"躺着"制作的，堆放、运输状态也是平躺着的，吊装时则需要翻转90°立起来，须验算翻转工作状态的承载力。无自动翻转台时，构件翻转作业方式有两种：捆绑软带式和预埋吊点式。180°翻转顺序为构件背面朝上，两个侧边有翻转吊点，A 钩吊起，B 钩随从；构件立起，A 吊钩承载；B 吊钩承载，A 吊钩随从，构件表面朝上。如图 3-2 所示。

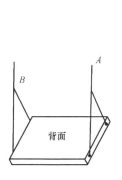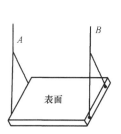

图 3-2　翻转吊点布置

2. 吊点布置

一般而言，不需要单独设置吊运吊点，可以与脱模吊点或翻转吊点或安装吊点共用。楼板、梁、阳台板的吊运节点与安装节点共用；柱子的吊运节点与脱模节点共用；墙板、楼梯板的吊运节点与安装节点、翻转节点共用。在进行脱模、翻转和安装节点的荷载分析时，应判断这些节点是否兼作吊运节点，吊运状态的荷载（动力系数）与脱模、翻转和安装工作状态不一样，需要进行分析。

（1）安装吊点布置

安装吊点布置有三种情况：一是，与脱模吊点为同一吊点梁、无桁架筋或架立筋的楼板、平模制作的楼梯板、空调板、阳台板、女儿墙、有自动翻转台的流水线上制作的墙板、立模制作的墙板和立模制作的柱子等。二是，借用桁架筋、架立筋不专门设置的吊点，而是借用桁架筋、架立筋。包括有桁架筋的叠合楼板和有架立筋的预应力叠合楼板。三是，专设安装吊点柱子、外挂墙板等构件须专设安装吊点。

（2）重心计算

当构件平面形状或断面形状为非规则形状吊点位置应通过重心平衡计算确定（图 3-3～图 3-5）。

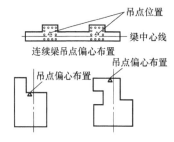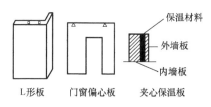

图 3-3　安装吊点布置　　图 3-4　不规则梁吊点偏心布置　　图 3-5　不规则墙板吊点布置

3. 吊点设计

（1）预制叠合板吊点设计

带桁架筋的预制叠合板不专设吊点利用桁架筋作为吊点，但需要在设计图中明确给出吊点的位置或构造加强措施。《桁架钢筋混凝土叠合板》15G366-1 中，跨度在 3.9m 以下、宽 2.4m 以下的板设置 4 个吊点；跨度为 4.2～6.0m、宽 2.4m 以下的板，设置 6 个吊点。边缘吊点距板端距离不宜过大。长度小于 3.9m 的板，悬臂段不宜大于 600mm；长度为 4.2～6m 的板，悬臂段 900mm。布置 4 个吊点的楼板可按简支板计算；布置 6 个以上吊点的楼板计算可按无梁板，用等代梁经验系数法转换为连续梁计算（图 3-6）。

（2）预制墙板吊点设计

有翻转台翻转的预制墙板，脱模、翻转、吊运安装吊点共用，可在墙板上边设立吊点，也可以在墙板侧边设立吊点。一般设置 2 个，也可以设置两组，以减小吊点部位的应力集中。无翻转台翻转的墙板脱模、翻转和安装节点都需要设置。脱模节点在板的背面，设置 4 个；安装节点与吊运节点共用，与有翻转台的墙板的安装节点一样；翻转节点则需要在墙板底边设置，对应安装节点的位置。墙板在竖直吊运和安装环节因截面很大，不需要验算；需要翻转和水平吊运的墙板按 4 点简支板计算（图 3-7）。

图 3-6　叠合板吊点布置

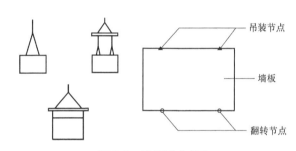

图 3-7　墙板吊点布置

（3）预制柱子吊点设计

脱模和吊运、柱子脱模和吊运共用吊点，置在柱子侧面，采用内埋式螺母，便于封堵，根据小柱子脱模吊点的数量和间距结合柱子断面尺寸和长度计算确定。由于脱模时混凝土强度较低，吊点可以适当多设置，不仅对防止混凝土裂缝有利，也会减弱吊点处的应力集中。两个或两组吊点时，柱子脱模和吊运按带悬臂的简支梁计算；多个吊点时，可按带悬臂的多跨连系梁计算。柱子安装吊点和翻转吊点共用，设柱子顶部。断面大的柱子一般设置 4 个，也可设置 3 个吊点。断面小的柱子可设置 2 个或者 1 个吊点。柱子安装过程计算简图为受拉构件。柱子从平放到立起来的翻转过程中，计算简图相当于两端支的简支梁（图 3-8～图 3-10）。

（4）预制梁吊点设计

预制梁不用翻转，安装吊点、脱模吊点与吊运吊点为共用吊点。梁吊点数量和间距根据梁断面尺寸和长度，通过计算确定。对于长梁，吊点宜适当多设置。边缘吊点距梁端距离应根据梁的高度和负弯矩筋配置情况经过验算确定，且不宜大于梁长的 1/4。有两个（或两组）吊点时，按照带悬臂的简支梁计算；多个吊点时，按带悬臂的多跨连系梁计算，位置与计算简图与柱脱模吊点相同。

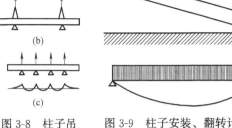

图 3-8 柱子吊
点计算简图

图 3-9 柱子安装、翻转计算简图

图 3-10 柱子安装、翻转

（5）预制楼梯板吊点设计

预制楼梯吊点是预制构件中最复杂多变的。脱模、翻转、吊运和安装节点共用较少。一是，平模制作的楼梯板一般是反打，阶梯面朝下，脱模吊点在楼梯板的背面。楼梯在修补、堆放过程一般是楼梯面朝上，需要 180°翻转，翻转吊点设在楼梯板侧边，可兼作吊运吊点。二是，立模制作的楼梯脱模吊点在楼梯板侧边，可兼作翻转吊点和吊运吊点。安装吊点同平模制作的楼梯一样，依据楼梯两侧是否有吊钩作业空间确定。三是，带梁楼梯和带平台板的折板楼梯在吊点布置时需要进行重心计算，根据重心布置吊点。楼梯水平吊装计算简图为 4 点支撑板（图 3-11）。

安装吊点应考虑：①如果楼梯两侧有吊钩作业空间，安装吊点可以设置在楼梯两个侧边。②如果楼梯两侧没有吊钩作业空间，安装吊点须设置在表面。③全预制阳台板，空调板安装吊点设置在表面。

图 3-11 预制楼梯吊装

4. 承载力复核

对制作、运输和堆放、安装等短暂设计状况下的预制构件验算，应符合现行国家标准《混凝土结构工程施工规范》GB 50766 的有关规定。脱模起吊时，预制构件的混凝土立方体抗压强度应满足设计要求，且不应小于 $15N/mm^2$。预制构件的脱模强度与构件重量和吊点布置有关，需根据计算确定。如两点起吊的大跨度高梁，脱模时混凝土抗压强度需要更高一些。脱模强度一方面是要求工厂脱模时混凝土必须达到的强度；另一方面是验算脱模时构件承载力的混凝土强度值。

特别需要提醒，夹心保温构件外叶板在脱模或翻转时所承受的荷载作用可能比使用期间更不利,拉结件锚固设计应当按脱模强度计算。

在进行吊点结构验算时,不同工作状态混凝土强度等级的取值不样:脱模和翻转吊点验算,取脱模时混凝土达到的强度。吊运和安装吊点验算,取设计混凝强度等级的 70% 计算。

3.1.2 吊点构造

预制构件吊装时,预制构件的混凝土强度及龄期应达到要求,一般不低于 75% 设计强度。预制构件的吊装点位应提前设计好,方便下一步的转运及吊装。应根据预制构件的类型、尺寸及预留吊点选择相应的吊具。为使预制构件吊装稳定,不出现摇摆、倾斜、转动、翻倒等现象,应通过计算选择合适、合理的吊具。

吊点有预埋螺栓、吊钉、钢筋吊环、预埋理钢丝绳、尼龙绳索和软带捆绑等方式。内埋式螺母是最常用的脱模吊点,埋置方便,使用方便,没有外探,作为临时吊点,不需要切割。吊钉最大的特点是施工非常便捷,埋置方便,不需要切割,混凝土局部需要内凹。预埋钢筋吊环受力明确,吊钩作业方便,但需要切割。预埋钢丝绳索在混凝土内锚固灵活,在配筋较密的梁中使用较方便。小型构件脱模可以预埋尼龙绳,切割方便(图 3-12～图 3-14)。

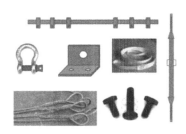
图 3-12 常用吊具

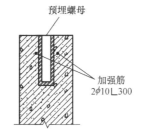
图 3-13 翻转节点构造加固

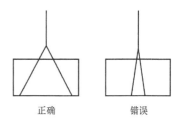
图 3-14 软带捆绑示意图

1. 吊点构造要点

(1) 预埋螺母、螺栓和吊钉的专业厂家有根据试验数据得到的计算原则和构造要求,结构设计师选用时除了应符合这些要求外,还应要求工厂使用前进行试验验证。

(2) 吊点距离混凝土边缘的距离不应小于 50mm,且应符合厂家的要求。

(3) 采用钢筋吊环时,应符合《混凝土结构设计规范》GB 50010 关于预埋件锚固的有关规定。较重构件的吊点宜增加构造钢筋。

(4) 脱模吊点、吊运吊点和安装吊点的受力主要是受拉,但翻转吊点既受拉又受剪,对混凝土还有劈裂作用。翻转吊点宜增加构造钢筋。

(5) 楼梯吊点可采用预埋螺母,也可采用吊环。国家标准图中楼梯侧边的吊点设计为预埋钢筋吊环。

(6) 带桁架筋的叠合板利用桁架筋作为吊点,需要在设计图中明确给出吊点的位置或构造加强措施。国家标准图集在吊点两侧横担 2 根长 280mm 的 2 级钢筋;垂直于桁架筋。

(7) 软带吊具,小型板式构件可以用软带捆绑翻转、吊运和安装,设计图样须给出软带捆绑的位置和说明。防止预制墙板工程因工地捆绑吊运位置不当而导致墙板断裂。

2. 支撑点设计

预制构件支撑点是指预制构件脱模后在质检、存放和修补时的支撑方式与位置，运输的支撑方式与位置。结构设计师应对堆放支撑予以重视。防止因堆放不当而导致大型构件断裂。设计师给出构件支撑点位置简单的办法是以脱模或安装吊点对应的位置做支撑点。

（1）支撑点设计内容

支撑点设计内容包括，确定构件存放与运输方式；确定支撑点数量、位置；构件是否可以多层堆放、堆放几层等；对构件存放和运输过程进行承载力复核（图 3-15）。

（2）水平放置构件的支撑

叠合楼板、墙板、梁、柱等构件脱模后一般要放置在支架上进行模具面的质量检查和修补。支架一般是两点支撑，对于大跨度构件两点撑是否可以设计师应做出判断，如果不可以，应当在设计说明中明确给出几点支撑和支撑间距的要求（图 3-16）。装饰一体化墙板较多采用翻转后装饰面朝上的修补方式。设计师应给出支撑点位置。支撑垫可用混凝土块加软垫。图 3-17 分别给出了板式构件、梁、异形构件的堆放方式，其中有混凝土块支垫，有木方和型钢支垫，有单层堆放，也有多层堆放。大多数构件可以多层堆放，设计原则是：支撑点位置经过验算；上下支撑点对应一致；不宜超过 6 层。

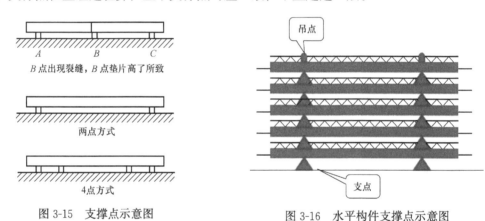

图 3-15　支撑点示意图　　　　　图 3-16　水平构件支撑点示意图

（3）竖直放置构件的支撑

墙板可采用竖向堆放方式，少占场地。也可在靠放架上斜立放置竖直堆放和斜靠堆放，垂直于板平面的荷载为零或很小，但也以水平堆放的支撑点作为隔垫点为宜（图 3-18）。

（4）运输方式及其支撑

预制构件运输方式包括水平放置运输和竖直放置运输。水平放置存储的各种构件都可以水平放置运输，墙板和楼板可以多层放置。支撑方式与支撑点位置与堆放一样。竖直放置运输用于墙板，或直接使用堆放时的靠放架，或用专用车辆。需要设置临时拉结杆的构件包括断面面积较小且翼缘长度较长的 L 形折板，开洞较大的墙板、V 形构件、半圆形构件、槽形构件等。临时拉结杆可以用角钢、槽钢、也可以用钢筋（图 3-19、图 3-20）。

（5）水平构件临时支撑

叠合梁、叠合楼板、叠合阳台板等水平构件安装后需要设置支撑，设计须给出支撑的要求，包括支撑方式、位置、间距、支撑承载能力要求等，还应当给出明确要求，叠合层后浇混凝土强度达到多少时，楼板支撑才可以撤除。

点式支撑垫块

板式构件多层点式支撑垫块

预应力板垫方支撑堆放

梁垫方支撑堆放

槽形构件两层点支撑堆放

L形板堆放

图 3-17　水平放置构件支撑

图 3-18　构件靠放架堆放

图 3-19　竖直放置运输

预制楼板支撑一般使用金属支撑系统，有线支撑和点支撑两种方式。专业厂家会根据支撑楼板的荷载情况和设计要求给出支撑部件的配置。

叠合梁板一般在两端支撑，距离边缘 500mm，且支撑间距不宜大于 2000mm，安装时混凝土强度应达到设计强度 100%，施工均布荷载不大于 $15kN/m^2$；不均匀情况在单板范围内折算不大于 $10kN/m^2$。

预制楼板支撑板使用金属支撑系统，有线支撑和点支撑两种方式，专业厂家会根据支撑楼板的荷载情况和设计要求给出支撑部件的配置。

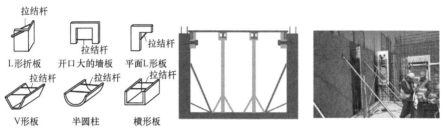

图 3-20　需要临时拉结的 PC 构件与临时支撑示意图

（6）竖向构件临时支撑

柱子和墙板等竖向构件安装就位后，为防止倾倒需设置斜支撑。斜支撑的一端固定在被支撑的预制构件上，另一端固定在地面预埋件上。结构设计须对竖向构件临时斜支撑进行计算、布置和构造设计。竖向构件施工期间水平荷载主要是风荷载，按 10 年一遇取值计算倾覆力矩，据此进行斜支撑的设置。断面较大的柱子稳定力矩大于倾覆力矩，可不设立斜支撑。安装柱子后马上进行梁的安装也不需要斜支撑。需要设立斜支撑的柱子有一个方向和两个方向两种情况。剪力墙板需要设置斜支撑，一般布置在靠近板边的部位。设立斜支撑的构件，支撑杆的角度与支撑面空间有关。斜支撑一般是单杆支撑，也有用双杆支撑的。斜支撑杆件在预制构件上的固定方式一般是用螺栓将杆件连接件与内埋式螺母连接。

预制构件施工环节需要的设置还包括竖向构件连接支点及标高调整。柱子、墙板等竖向构件的水平连接缝一般为 20mm 高，在上部构件安装就位时，应当将构件垫起来。如果下部构件或现浇混凝土表面不平，支垫点还有调整标高的功能。标高支点有两种办法，预埋螺母法和钢垫片法。预埋螺母法是最常用的标高支点做法。在下部构件顶部或现浇混凝土表面预埋螺母（对应螺栓直径 20mm），旋入螺栓作为上部构件调整标高的支点，标高微调靠旋转螺栓实现，上部构件对应螺栓的位置预埋 50mm×50mm×6mm 厚的锌钢片，以削弱局部应力集中的影响。标高支点也可用钢垫片省去在预制构件或现浇混凝土中埋设螺母的麻烦。但钢垫片存在两个问题，一是对接缝处断面抗剪力稍稍有点削弱；二是微调标高要准备不同厚度的钢垫片，不如螺栓微调标高方便（图 3-21～图 3-23）。

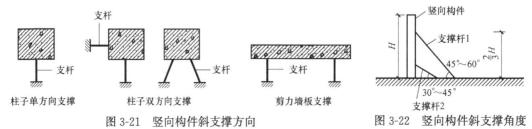

图 3-21　竖向构件斜支撑方向　　　　　图 3-22　竖向构件斜支撑角度

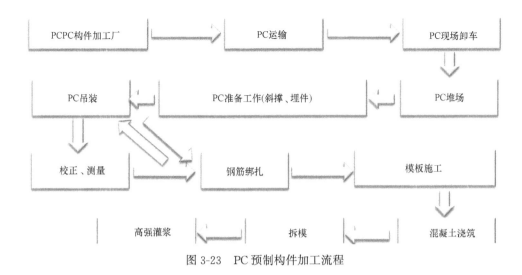

图 3-23　PC 预制构件加工流程

3.2　吊装准备

预制混凝土构件的吊装作业在整个装配式建筑施工过程中起到了混凝土构件连接、固定的作用，完成预制混凝土构件的装配连接工序。主要包括预制混凝土构件的连接方式、预制混凝土墙板的装配作业、预制混凝土楼板的装配作业、预制混凝土梁的装配作业、预制混凝土楼梯的装配作业、其他预制混凝土构件的装配作业等。预制混凝土构件施工作业人员应具备岗位需要的基础知识和技能，施工单位应对管理人员、施工作业人员进行质量安全技术交底。

装配式混凝土建筑施工前，宜选择有代表性的单元进行预制构件试安装，并根据试安装结果及时调整施工工艺，完善施工方案。施工现场应根据施工平面规划设置运输通道和存放场地，施工单位应编制详细的构件需求计划并与构件生产厂家的供应计划匹配。安装施工前应进行测量放线、设置构件安装定位标识，测量放线应符合现行国家标准《工程测量标准》GB 50026 的有关规定。应核对已施工完成结构、基础的外观质量和尺寸偏差，确认混凝土强度和预留预埋符合设计要求，并应核对预制构件的混凝土强度及预制构件和配件的型号、规格、数量等符合设计要求。应复核吊装设备的吊装能力，并按现行行业标准《建筑机械使用安全技术规程》JGJ 33 的有关规定，检查复核吊装设备及吊具处于安全操作状态，并核实现场环境、天气、道路状况等满足吊装施工要求。防护系统应按照施工方案进行搭设及验收。

吊装工人需着装整齐统一，佩戴手套、安全帽、安全带、对讲机、锤子、撬棍、扳手、镜子等安全工具及辅助吊装工具。

预制构件进场时，构件生产单位应提供相关质量证明文件。质量证明文件应包括：出厂合格证、混凝土强度检验报告、钢筋复验单、钢筋套筒等其他构件钢筋连接类型的工艺检验报告、合同要求的其他质量证明文件。预制构件、连接材料、配件等应按国家现行相关标准的规定进行进场验收，未经验收或验收不合格的产品不得使用。结构施工宜采用与构件相匹配的工具化、标准化工装系统。施工前宜选择有代表性的单元或构件进行试安装，根据试安装结果及时调整、完善施工方案。装配式混凝土结构的连接节点及叠合构件的施工应进行隐蔽工程验收。预制构件吊装、安装施工应严格按照施工方案执行，各工序的施工，应在前一道工序质量检查合格后进行，工序控制应符合规范和设计要求。施工现场从事特种作业的人员应取得相应的资格证书后才能上岗作业。灌浆施工人员应进行专项培训，合格后方可上岗。结构施工全过程应对预制构件及其上的建筑附件、预埋件等采取保护措施，不得出现损伤或污染。

施工前应完成深化设计，深化设计文件应经原设计单位认可。施工单位应校核预制构件加工图纸、对预制构件施工预留和预埋进行交底。施工单位应在施工前根据工程特点和施工规定，进行施工措施复核及验算、编制装配式结构专项施工方案。专项施工方案宜包括工程概况、编制依据、进度计划、施工场地布置、预制构件运输与存放、安装与连接施工、成品保护、绿色施工、安全管理、质量管理、信息化管理、应急预案等内容。现场运输道路和存放堆场应平整坚实，并有排水措施。运输车辆进入施工现场的道路，应满足预制构件的运输要求。卸放、吊装工作范围内不应有障碍物，并应有满足预制构件周转使用的场地。装配式混凝土结构施工前，施工单位应按照装配式结构施工的特点和要求，对作业人员进行安全技术交底。安装准备应满足经验计算后选择起重设备、吊具和吊索，在吊装前，应由专人检查核对确保型号、机具与方案一致要求。

3.2.1　预制非承重围护外墙吊装

预制外墙按照构造可分为预制混凝土外墙挂板和预制复合保温外墙挂板。复合保温外挂墙板由内外混凝土层和保温层通过连接件组合而成，具有外保护、保温、隔热、装饰等功能。当预制外墙采用瓷砖或石材饰面时，宜采用反打一次成型工艺制作，饰面为石材时，石材的厚度应不小于 25mm，石材背面应采用不锈钢卡件与混凝土机械锚网，石材的厚度、质量和连接点数量应满足设计要求；饰面为面砖时，面砖的背面应设置燕尾槽，其和粘结性能应满足《建筑工程饰面砖粘结强度检验标准》JGJ/T 110 的要求。

预制墙板吊装顺序的确定，需遵循便于施工、利于安装的原则，可采用从一侧到另一侧的吊装顺序，需提前制作出安装进度计划，有效地提高施工效率，并对需要安装的墙板提前进行验收。预制构件就位和临时固定。根据预制构件安装顺序起吊，起吊前吊装人员应检查所吊构件型号规格是否正确，外观质量是否合格，确认后方能起吊。预制构件离地后应先将预制构件水平安装面用手拉葫芦调平，预制构件根部系好缆风绳。预制构件安装位置标出定位轴线，装好临时支座靠山。将预制构件吊到就位处，将预制构件对准轴线，然后预制构件与临时支座靠山用螺栓连接，预制构件上端安装临时可调节斜撑。在预制构件吊装过程中由于构件引风面大，预制构件下降时，可采用慢就位机构使之缓慢下降。要通过预制构件根部系好缆风绳控制构件转动，保证预制构件就位平稳。为克服塔式起重机吊装预制构件就位时晃动，可通过在预制构件和安装面安装临时导向装置，使吊装预制构件一次精确到位。预制构件就位临时固定后，必须经过吊装指挥人员确认构件连接牢固后方能松钩。

预制剪力墙为平面状构件，现场一般为竖向存放，采用存放架进行存放。预制墙板吊装时，一般在墙体顶部预埋吊钉，当墙体长度不超过 5m 时，一般预埋 2 颗吊钉。当预制墙板长度超过 5m，则预埋 3～4 颗吊钉。也有在预制墙体顶部预埋螺栓套筒，再用螺栓将吊耳固定在螺栓套筒内，剪力墙安装完毕后，拆除吊耳及紧固螺栓（图 3-24）。

图 3-24　预制剪力墙板

1. 起吊前准备工作

预制墙板吊装时，为了保证墙体吊钉处于竖向受力状态，应采用 H 型钢焊接而成的专用吊梁，根据各预制构件吊装时不同尺寸、重量，以及不同的起吊点位置，设置模数化吊点，确保预制构件在吊装时吊装钢丝绳保持竖直。专用吊梁下方设置专用吊钩，用于悬挂吊索，进行不同类型预制墙体的吊装。

当预制剪力墙上开门洞，窗户或洞口不居中时，则预制剪力墙的重心有可能不在中间轴处，吊装时预制剪力墙可能会倾斜。此种情况可采用三点吊装，中间一根吊索配手拉葫芦进行调平。

当预制剪力墙带凸窗时，则预制剪力墙的重心有可能在墙体平面外，吊装时产生平面外的倾斜。此种状态时可采用框架式平衡梁四点吊装，并配手拉葫芦进行调平（图 3-25、图 3-26）。

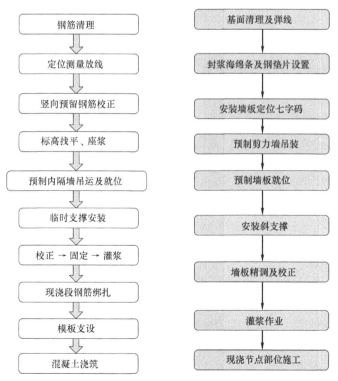

图 3-25　预制墙板安装流程

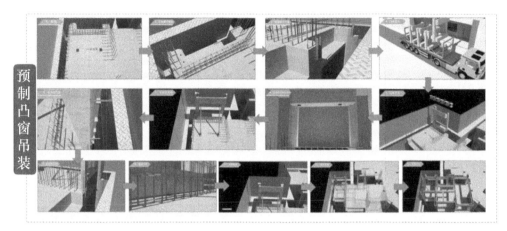

图 3-26　预制凸窗安装流程示意图

根据定位轴线，在作业层混凝土顶板上，弹设控制线以便安装墙体就位，包括墙体及洞口边线，墙体 200mm 水平位置控制线，作业层 500mm 标高控制线（混凝土楼板插筋上），套筒中心位置线。用钢筋卡具对钢筋的垂直度、定位及高度进行复核，确保上层预制外墙上的套筒与下一层的预留钢筋能够顺利对孔。预制剪力墙安装施工前，需通过激光扫平仪和塔尺确定楼板标高，使用垫片保证楼层平整度，确保在允许偏差范围内。调整底部标高的垫片宜采用钢质或硬橡胶材质，厚度常规为 1mm、2mm、5mm、10mm 四种规格。

为了使旧混凝土面与灌浆料结合更紧密，需要在吊装预制剪力墙前进行凿毛处理，也可在混凝土初凝前拉毛。采用水泥钉将密封胶条固定于地面，堵缝效果要确保不漏浆（图3-27、图 3-28）。

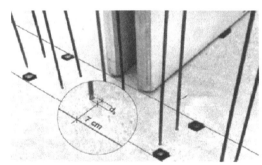

图 3-27　预制墙板安装放线

2. 吊装操作步骤

预制外墙施工工艺流程：预埋件的复核→转接件的定位和安装→吊具安装→预制外挂墙板吊运及就位→连接件紧固件安装→接缝处理→（外窗安装）→洗水及养护。

竖向预留钢筋校正。加强对采用套筒灌浆连接的钢筋的定位管理，可采用预制钢板工装控制插筋位置，焊接附加钢筋控制插筋的埋入深度，下端焊接钢筋控制插筋的垂直度。确保在后续混凝土浇筑中限位装置不受到扰动，预留钢筋规格、型号、尺寸检查合格后方可进行混凝土浇筑作业。

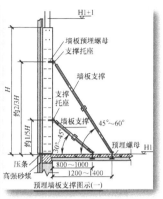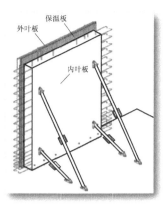

图 3-28 预制墙板安装临时支撑

对于预留插筋，可利用钢筋限位框等辅助工具，对墙位置进行复核。若预留伸出筋中心位置偏差超过 5mm，则按 1:6 的弯折比例实行冷弯校正，不得采用烘烤的方式。个别偏差较大的预留伸出筋，应将伸出筋根部处混凝土剔凿，凿至有效高度后再进行冷弯矫正，保证预制竖向构件剪力墙、预制柱灌浆、浆锚等连接的质量。清理结合面，垫于墙板两端 1/5～1/4 位置。

缓缓起吊，待板的底边升至距地面 500mm 时略作停顿，再次检查吊挂是否牢固，继续提升使之慢慢靠近安装作业面。在距作业层上方 500mm 左右略作停顿，水平调节墙板位置，施工人员可以手扶墙板，控制墙板下落方向。墙板在此缓慢下降，待到距预埋钢筋顶部 200mm 处，墙两侧挂线坠对准地面上的控制线，预制墙板底部套筒位置与地面预埋钢筋位置对准后，采用小镜子观察套筒与钢筋位置关系，无误后，将墙板缓缓落下。

斜支撑的数量不宜少于 2 道，与楼面的水平夹角范围 45°～60°，每道斜支撑由上部长斜支撑杆与下部短斜支撑杆组成。上部斜支撑的支撑点距离板底不宜小于板高的 2/3，且不应小于板高的 1/2，具体根据设计给定的支撑点确定。墙板校正。斜支撑能够提高墙板在小震下的抗侧刚度，且安装时还可进行微调操作，斜支撑安装需采用可调节长度的螺杆，调节长度不小于 300mm。

在装配式结构中，钢筋连接采用钢筋灌浆直螺纹连接接头。套筒及一侧钢筋直螺纹连接后预埋在预制墙板底部，另一侧的钢筋预埋在下层预制墙板的顶部，墙板安装时，墙顶部钢筋插入上层墙底部的套筒内，然后对连接套筒通过灌浆孔进行灌浆处理，完成上下墙板内钢筋的连接。

吊装时设置两名信号工，起吊处一名，吊装楼层一名。另外墙吊装时配备一名挂钩人员，楼层上配备 3 名安放及固定墙体人员。吊装前由质量负责人核对墙板型号、尺寸，检查质量无误后，由专人负责挂钩，待挂钩人员撤离至安全区域时，由下面信号工确认构件四周安全情况，确认无误后进行试吊，指挥缓慢起吊，起吊到距离地面 0.5m 左右时，塔式起重机起吊装置确定安全后，继续起吊（图 3-29）。

3. 吊装操作要点

（1）清理及放线——板面清理完成后测量人员放出预制墙体定位边线及 200mm 控制线，同时在预制墙体上放出墙体 500mm 水平控制线用于墙体标高的控制。

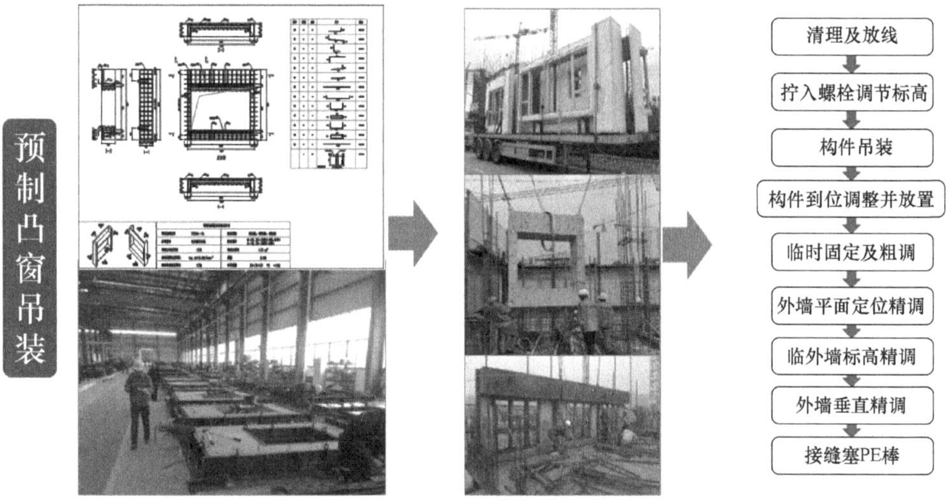

图 3-29　预制凸窗安装全过程

（2）拧入螺栓调节标高——将螺栓拧入下层预制构件的预埋套筒内，并将标高调整至相应标高。

（3）构件吊装——预制墙体吊装采用扁担吊梁，根据吊点距离合理选择吊梁上的挂钩点，构件部位采用鸭嘴扣及吊钩。起吊点及安装点各安排一名指挥。

（4）构件到位调整并放置——外墙构件由塔式起重机吊至楼层位置，并由四名安装工进行调整 PC 方位（PC 构件外侧由 2 名安装工进行控制 PC 构件与外架的距离以免发生碰撞，内侧由 2 名安装工进行控制 PC 的方位），调整完后放置 PC 构件进行安装。

（5）临时固定及粗调——外墙构件吊装安放完后，使用斜撑及槽钢进行对 PC 构件进行固定，固定过程中通过斜撑杆及槽钢进行粗调，使 PC 构件外立面观感上平整垂直。

（6）外墙平面定位精调——外墙构件固定后，由 2 名 PC 调平工对 PC 构件进行平面定位的精调，平面的定位调整主要根据楼层放设的控制线。根据 PC 构件最外侧边至控制线的距离来控制，误差控制在 ±3mm 以内，以达到精度。

（7）外墙标高精调——由 2 名 PC 调平工对 PC 构件进行构件标高的精调，标高的调整主要根据楼层放设的 1m 标高控制线以及 PC 构件上的 1m 线是否一致来调整 PC 标高，调整时主要通过调整构件下方安设的螺丝高度来达到调整效果，误差控制在 ±3mm 以内，以达到精度。

（8）外墙垂直度精调——PC 构件调整完平面定位及标高后，由 2 名 PC 调平工对 PC 构件垂直度调整。垂直度主要通过吊线坠和转动斜撑来控制垂直度，误差控制在 ±3mm 以内，以达到精度。对 PC 构件调平完后，再次进行检查 PC 固定情况，以保证安全及精度。

（9）外墙接缝塞 PE 棒——外墙构件全部安装完成后，使用 PE 棒对 PC 构件交接处的缝隙进行塞缝，以保证浇筑混凝土不漏浆。

3.2.2　预制楼梯吊装

预制楼梯的生产，一般有含休息平台整体预制和不含休息平台踏步段预制 2 种，且以不含休息平台踏步段预制较为常见。预制楼梯出厂时，防滑条及栏杆埋件应已做好。预制楼梯吊装时，较常采用 4 点进行吊装，一般在楼梯的上下平台面预理有吊钉，采用鸭嘴吊扣进行连接吊装。吊装时，可采用平衡梁吊装、吊链吊装或钢丝绳进行吊装。吊装时，要保证楼梯的倾斜角度与安装就位时的角度相同。

1. 预制楼梯的吊装

根据施工图纸，在上下楼梯休息平台板上分别放出楼梯定位线；同时在梯梁面放置钢垫片，并铺设细石混凝土找平。钢垫片厚度为 3～20mm。检查竖向连接钢筋，针对偏位钢筋进行校正。预制楼梯起吊根据预制楼梯的设计尺寸，可采用平衡梁吊装、吊链吊装或钢丝绳进行吊装。吊装前由质量负责人核对楼梯型号、尺寸，检查确认无误后，由专人负责挂钩，指挥缓慢起吊，起吊到距离地面 0.5m 左右，检查吊钩是否紧固，构件倾斜角度是否符合要求，待达到要求后方可继续起吊（图 3-30～图 3-32）。

（1）吊装前准备预埋连接钢筋：在楼梯现浇梯梁浇筑时，应按照图纸要求预埋连接钢筋楼梯控制线：楼梯控制采用"三线控制法"（三线即标高位置线、内外控制线、左右位置线），在吊装楼梯前用内控点引出三条线来控制楼梯位置。

（2）在梯段上下口梯梁处铺 2cm 厚 M10 水泥砂浆找平层，找平层标高要控制准确。M10 水泥砂浆采用成品干拌砂浆。

（3）弹出楼梯安装控制线，对控制线及标高进行复核，控制安装标高。楼梯侧面距结构墙体预留 2cm 空隙，为保温砂浆抹灰层预留空间。

（4）起吊：预制楼梯梯段采用水平吊装，吊装时应使踏步平面呈水平状态，便于就位。将吊装连接件用螺栓与楼梯板预埋的内螺纹连接，以便钢丝绳吊具及捯链连接吊装。楼梯板起吊前，检查吊环，用卡环销紧。

（5）楼梯就位：就位时楼梯板要从上垂直向下安装，在作业层上空 30cm 左右处略作停顿，施工人员手扶楼梯板调整方向，将楼梯板的边线与梯梁上的安放位置线对准，放下时要停稳慢放，严禁猛放，以避免冲击力过大造成板面震折裂缝。

（6）校正：基本就位后再用撬棍微调楼梯板，直到位置正确，搁置平实。安装楼梯板时，应特别注意标高正确，校正后再脱钩。

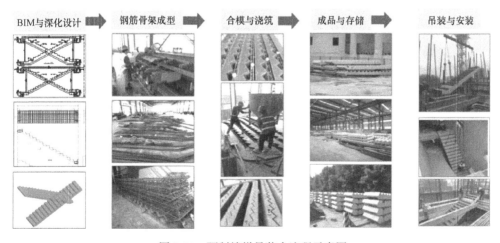

图 3-30 预制楼梯吊装全流程示意图

2. 预制楼梯操作要点

吊装工艺流程：测量放线→钢筋调直→垫垫片、找平→预制楼梯起吊→钢筋对孔校正→位置、标高确认→摘钩→灌浆；安装前，应检查楼梯构件平面定位及标高，并应设置抄平垫块；就位后，应立即调整并固定，避免因人员走动造成的偏差及危险；预制楼梯端部安装，应考虑建筑标高与结构标高的差异，确保踏步高度一致；楼梯与梁板采用预埋件焊接连接或预留孔连接时，应先施工梁板，后放置楼梯段；采用预留钢筋连接时，应先放置楼梯段，后施工梁板。

（1）预制楼梯放线：预制楼梯安装前，测量人员根据楼梯图纸，在休息平台及梯梁上放出预制楼梯水平定位线及控制线，在周边墙体上放出标高控制线。

（2）垫片及坐浆料施工：同预制墙板一样，预制楼梯在吊装前也需要在安装部位设置钢垫片调整标高，钢垫片设置高度为安装板面标高以上 20mm。安装梯梁外侧采用坐浆料封堵。

图 3-31　预制楼梯吊装流程

（基层清理 → 划出控制线 → 楼梯上下口铺2cm砂浆找平层 → 复核 → 楼梯板起吊 → 楼梯板就位 → 校正 → 灌浆 → 隐蔽工程检查 → 验收）

图 3-32　预制楼梯吊装全过程示意图

（3）楼梯构件与吊具连接及起吊：当构件运输至现场可吊装位置后，2 名 PC 吊装工需安装吊具及连接 PC 构件并使其顺利起吊以免与其他物体发生触碰。起吊点及安装点各安排一名指挥。预制楼梯吊装采用扁担吊梁，吊装时，需保证预制楼梯处于正确姿态，即需采用长短吊链进行吊装。预制楼梯为较重构件，在吊装前需保证吊装用吊环及固定螺栓满足要求方可起吊。

（4）构件吊装到位调整并放置：待楼梯下放至距楼面 0.5m 处，由专业操作工人稳住预制楼梯，根据水平控制线缓慢下放楼梯，对准预留螺杆，安装至设计位置。注意安装时楼梯的角度可通过捯链进行调节，利用葫芦调整楼梯放置过程中的水平度，以保证预埋钢筋穿插楼梯构件上预留的空位上。

（5）楼梯平面定位精调：楼梯构件固定后，由 2 名 PC 调平工对 PC 构件进行平面定位的精调，平面的定位调整主要根据楼层放设的控制线。根据从楼梯 PC 构件侧边至控制线距离来控制，误差控制在 ±3mm 以内，以达到精度。

（6）楼梯标高精调：楼梯构件安装后，由 2 名 PC 调平工对楼梯 PC 构件进行构件标高的调平，标高的调整主要根据楼梯构件上下口完成面与楼层放设的 1m 标高控制线来控制，标高控制在 ±3mm 以内，以达到精度。

（7）预制楼梯预留孔洞及施工缝隙灌缝：在预制楼梯安装后及时对预留孔洞和施工缝隙进行灌缝处理，灌缝应采用比结构高一强度等级的微膨胀混凝土或砂浆。

（8）注意事项：

1）在吊钩挂钩之前应先确认吊钩与卡环及钢丝之间连接是否牢靠，并检查吊环或吊钉周围混凝土是否有开裂的质量缺陷。

2）吊装过程应避免以下错误：①吊钩反方向连接吊点，反扣；②在吊装构件时站在构件下方；③在构件落位时，将手放在构件下方；④吊具长短不一，吊点无法共同受力；⑤钢丝绳斜拉斜吊；⑥吊装过程中，不佩戴安全设备。

3）吊装采用长短吊链与捯链，构件起吊后在离地面1m左右略作停顿，调节吊链与葫芦，使得吊装过程中楼梯角度保持与安装后角度大致一致。

4）预制楼梯下落时要慢，待楼梯下放至距楼面0.5m处，稳住预制楼梯，根据水平控制线缓慢下放楼梯，对准预留螺杆，安装至设计位置。

5）预制楼梯安装：待墙体下放至距楼面0.5m处，由专业操作工人稳住预制楼梯，根据水平控制线缓慢下放楼梯，对准预留钢筋，安装至设计位置。

6）预制楼梯落位时先用钢管独立支撑进行临时支撑。在预制楼梯上下平台面底部两端各设置不少于2个钢管独立支撑，通过独立支撑调整楼梯的标高。

7）预制楼梯标高及轴线调整到位后，立即进行灌浆或浇筑细石混凝土，避免对灌浆和封堵区域造成污染。

8）安装连接件、踏步板及永久栏杆：楼梯停止降落后，由专人安装预制楼梯与墙体之间的连接件，然后安装踏步板及永久栏杆或临时栏杆（预制墙体上需预埋螺母，以便连接件固定）。

9）预制楼梯安装完成后，应立即使用废旧模板覆盖保护，避免施工过程中对其阳角处造成破坏（图3-33～图3-36）。

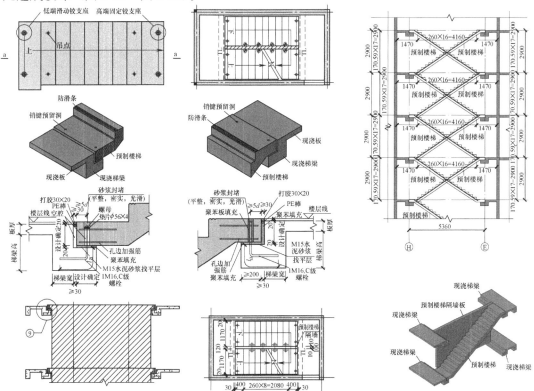

图3-33　图集中预制楼梯布置设计示意图

图 3-34　预制楼梯放线

图 3-35　垫片调节标高

图 3-36　预制楼梯就位

3.2.3　预制叠合板吊装

预制叠合楼板吊点每块楼板需设 4 个起吊点，位于叠合楼板中格构梁上弦与腹筋交接处，距离板端为整个板长的 1/5～1/4。吊点应均衡受力，避免单点受力过大，且板须经水平调整后放置在支座上。通过预埋钢筋吊环设置吊点。预制叠合楼板厚度较薄、面积较大，为避免吊装时板片受力不均匀影响预制叠合板结构，应采用专业设备进行吊装。任一边长度大于 2.5m，应以 6 点起吊安装。对于跨度超过 6m 的楼板，应采用 8 个吊点平衡受力。

1. 预制叠合板吊装

（1）叠合楼板安装前，前道工序应验收合格。验收的内容包括：楼板已经进场并验收合格；楼板按吊装顺序全部做标记，便于查找；预制墙板安装验收合格；楼板支撑体系验收合格；竖向节点钢筋绑扎施工、预埋件验收合格等。

（2）叠合楼板吊装班组由 6 人组成，1 人在地面负责挂钩，1 人在楼面负责指挥，4 人在楼面负责楼板的安装。吊装交底包括掌握楼板挂钩方案、起吊架、吊索、卡扣等的型号和数量。

（3）装配式混凝土结构施工叠合楼板吊装顺序制定吊装顺序应按如下原则制定：从外围开始向内部进行吊装，便于利用脚手架站人操作；相邻区域的楼板应集中吊装，减少吊装工人的来回跑动；长宽尺寸相近的楼板应集中吊装，便于楼板装车运输（图 3-37～图 3-39）。

2. 预制叠合板操作要点

（1）测量定位：根据结构平面布置图，放出定位轴线及叠合楼板定位控制边线，做好控制线标识。

（2）搭设支撑体系：叠合板宜采用可调式独立钢支撑体系。支撑安装先利用手柄将调节螺母旋至最低位置，将上管插入下管至接近所需的高度，然后将销子插入位于调节螺母上方的调节孔内，把可调钢支顶移至工作位置，搭设支架上部工字钢梁，旋转调节螺母，调节支撑使铝合金工字钢梁上口标高至叠合板底标高，待预制板底支撑标高调整完毕后进行吊装作业。

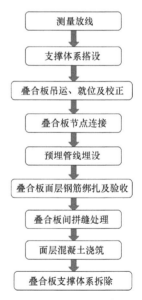

测量放线

支撑体系搭设

叠合板吊运、就位及校正

叠合板节点连接

预埋管线埋设

叠合板面层钢筋绑扎及验收

叠合板间拼缝处理

面层混凝土浇筑

叠合板支撑体系拆除

图 3-37　预制叠合
板吊装流程

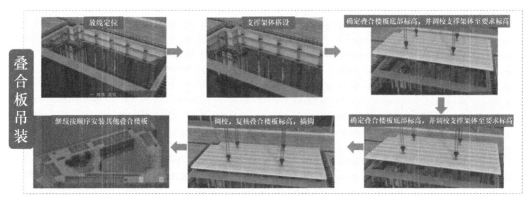

图 3-38 预制叠合板吊装全过程示意图

图 3-39 预制叠合板吊装流程

（3）叠合板吊装：叠合板吊装采用桁架吊梁，叠合板吊装至楼面 500mm 时，停止降落，操作人员稳住叠合楼板，参照墙顶垂直控制线和下层板面上的控制线，引导叠合楼板缓慢降落至支撑上方，调整叠合楼板位置，根据板底标高控制线检查标高。待构件稳定后，方可进行摘钩和校正。

（4）叠合板安装与校正：叠合板安装水平定位通过撬棍调整，标高通过调整下部独立支撑，注意双向板与预制墙及叠合梁的搭接要求为 10mm。安装完成后的水平定位及标高误差控制在 ±5mm 以内。

（5）注意事项：

1）在吊钩挂钩之前应先确认吊钩与卡环及钢丝之间连接是否牢靠，并检查吊环或吊钉周围混凝土是否有开裂的质量缺陷。

2）吊装过程应避免以下错误事例：①吊钩反方向连接吊点，反扣；②在吊装构件时站在构件下方；③在构件落位时，将手放在构件下方；④吊具长短不一，吊点无法共同受力；⑤钢丝绳斜拉斜吊；⑥吊装过程中，不佩戴安全设备。

3）构件起吊后在离地面 1m 左右略作停顿，消除构件摆动，并检查构件吊挂是否牢固,叠合板构件是否保持水平,再吊至作业层上空。

4)叠合板靠近安装作业面上空 30cm 处停顿,手扶调节方向,将构件的边线与墙上的安放位置线对准,缓慢放下就位,用 U 托进行标高调整。

3.2.4 预制其他构件吊装

1. 预制柱梁安装操作要点

吊装工艺流程:测量放线→支撑架搭设→支撑架体调节→叠合板起吊→叠合板落位→位置、标高确认→摘钩。安装预制叠合板前应检查支座顶面标高及支撑面的平整度,并检查结合面粗糙度是否符合设计要求;预制叠合板之间的接缝宽度应满足设计要求;吊装就位后,应对板底接缝高差进行校核;当叠合板底接缝高差不满足设计要求时,应将构件重新起吊,通过可调托座进行调节;临时支撑应在后浇混凝土强度达到设计要求后方可拆除(图 3-40)。

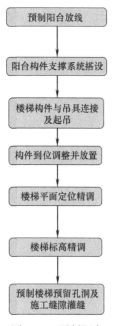

图 3-40 预制阳台板安装工艺

(1)测量定位:楼面混凝土达到强度后,清理结合面,由专业测量员放出测量定位控制轴线、预制柱定位边线及 200mm 控制线,并做好标识。

(2)预留钢筋校正:使用自制钢筋定位控制钢套板对板面预留竖向钢筋进行复核,检查预留钢筋位置、垂直度、钢筋预留长度是否准确,对不符合要求的钢筋进行矫正,对偏位的钢筋及时进行调整。

(3)垫片找平:每个预制柱下部四个角部位根据实测数值放置相应高度的垫片进行标高找平,并防止垫片移位。

(4)预制柱起吊:预制柱检查无误后,由专人负责挂钩,待挂钩人员撤离至安全区域时,由下面信号工确认构件四周安全情况,确认无误后进行试吊,指挥缓慢起吊。起吊到距离地面 0.5m 左右时,进行起吊装置安全确认,确定起吊装置安全后,继续起吊作业。

(5)预制柱就位:预制柱吊运至施工楼层距离楼面 200～300mm 时,略作停顿,安装工人对着楼地面上已经弹好的预制柱定位线扶稳预制柱,并通过小镜子检查预制柱下口套筒与连接钢筋位置是否对准,检查合格后缓慢落钩,使预制柱落至找平垫片上就位放稳。

(6)安装斜支撑:预制柱就位后,采用长短两条斜向支撑将预制柱临时固定。斜向支撑主要用于固定与调整预制柱体,确保预制柱安装垂直度,加强预制柱与主体结构的连接,确保灌浆和后浇混凝土浇筑时,柱体不产生位移。

(7)预制柱校正:采用定位调节工具对预制柱进行微调。调整短支撑调节柱位置,调整长支撑以调整柱垂直度,用撬棍拨动预制柱、用铅锤、靠尺校正柱体的位置和垂直度,并可用经纬仪进行检查。经检查预制柱水平定位、标高及垂直度调整准确无误后紧固斜向支撑,卸去吊索卡环。

(8)注意事项:

1)在吊钩挂钩之前应先确认吊钩与卡环及钢丝之间连接是否牢靠,并检查吊环或吊钉周围混凝土是否有开裂的质量缺陷。

2) 吊装过程应注意避免以下错误事例：①吊钩反方向连接吊点，反扣；②在吊装构件时站在构件下方；③在构件落位时，将手放在构件下方；④吊具长短不一，吊点无法共同受力；⑤钢丝绳斜拉斜吊；⑥吊装过程中，不佩戴安全设备。

3) 构件起吊后在离地面 1m 左右略作停顿，消除构件摆动，并检查构件吊挂是否牢固，确定起吊装置安全后方可继续起吊。

4) 预制柱吊运至施工楼层距预留连接钢筋顶部约 20cm 处略作停顿，由操作人员手扶引导，通过小镜子检查柱下口套筒与连接钢筋位置是否对准，检查合格后将墙板缓缓下降，使之平稳就位。

2. 预制阳台板安装操作要点

预制阳台板、空调板吊装工艺流程：测量放线→临时支撑搭设→预制阳台板、空调板起吊→预制阳台板、空调板落位→位置、标高确认→施工缝隙灌缝→摘钩；安装前，应检查支座顶面标高及支撑面的平整度；吊装完后，应对板底接缝高差进行校核；如板底接缝高差不满足设计要求，应将构件重新起吊，通过可调托座进行调节；就位后，应立即调整并固定；预制板应待后浇混凝土强度达到设计要求后，方可拆除临时支撑。

(1) 预制阳台放线：在阳台预制构件吊装前，需放 PC 构件的控制线包括水平方向、垂直方向及 1m 标高控制线（控制线也可以是结构墙柱的控制线）。

(2) 阳台构件支撑系统搭设：在放完控制线后，搭设构件支撑架体。根据点位设置独立支撑杆并用三脚架进行固定。支撑安装先利用手柄将调节螺母旋至最低位置，将上管插入下管至接近所需的高度，然后将销子插入位于调节螺母上方的调节孔内，把可调钢支顶移至工作位置，搭设支架上部工字钢梁，旋转调节螺母，调节支撑使铝合金工字钢梁上口标高至预制阳台底标高。

(3) 阳台构件与吊具连接及起吊：当构件运输至现场可吊装位置后，2 名 PC 吊装工需安装吊具及连接 PC 构件并使其顺利起吊以免与其他物体发生触碰。

(4) 构件吊装到位调整并放置：PC 构件由塔式起重机吊至楼层位置，并由四名安装工调整 PC 方位（PC 构件外侧由 2 名安装工进行控制 PC 构件与外架的距离以免发生碰撞，内侧由 2 名安装工控制 PC 与钢筋及铝模的碰撞），调整完后放置 PC 构件进行安装。

(5) 阳台精调校正：预制阳台精调校正方法与叠合板类似，通过调节竖向独立支撑，确保预制阳台板满足设计标高要求，允许误差为 ±5mm；通过撬棍调节预制阳台板水平位移，确保预制阳台板满足设计图纸水平分布要求，允许误差为 5mm。

(6) 注意事项：

1) 在吊钩挂钩之前应先确认吊钩与卡环及钢丝之间连接是否牢靠，并检查吊环或吊钉周围混凝土是否有开裂的质量缺陷。

2) 吊装过程应避免以下错误事例：①吊钩反方向连接吊点，反扣；②在吊装构件时站在构件下方；③在构件落位时，将手放在构件下方；④吊具长短不一，吊点无法共同受力；⑤钢丝绳斜拉斜吊；⑥吊装过程中，不佩戴安全设备。

3) 构件起吊后在离地面 1m 左右略作停顿，消除构件摆动，并检查构件吊挂是否牢固，阳台板构件是否保持水平，再吊至作业层上空。

4) 阳台板靠近安装作业面上空 30cm 处停顿，手扶调节方向，将构件的边线与墙上的安放位置线对准，缓慢放下就位（图 3-41、图 3-42）。

图 3-41 预制阳台板吊装

图 3-42 预制阳台板安装调整

各类构件安装的允许偏差见表 3-2～表 3-5。

预制墙板安装的允许误差 表 3-2

项目	允许偏差（mm）	检验方法
单块墙板轴线位置	3	基准线和钢尺检查
单块墙板顶标高偏差	±3	水准仪或拉线，钢尺检查
单块墙板垂直度偏差	3	2m 靠尺
相邻墙板高低差	2	钢尺检查
相邻墙板接缝宽度偏差	±3	钢尺检查
相邻墙板平整度偏差	4	2m 靠尺和塞尺检查
建筑物全高垂直度	$H/1000$ 且＜20	经纬仪、钢尺检查

注：H 为建筑高度。

预制梁、柱安装的允许误差 表 3-3

项目	允许偏差（mm）	检验方法
梁、柱轴线位置	3	基准线和钢尺检查
梁、柱标高偏差	3	水准仪或拉线，钢尺检查
梁搁置长度	±5	钢尺检查
柱垂直度	3	2m 靠尺或吊线检查
柱全高垂直度	$H/1000$ 且≤20	经纬仪检测

注：H 为建筑高度。

预制楼梯安装允许误差 表 3-4

项目	允许偏差（mm）	检验方法
轴线位置	3	基准线和钢尺检查
标高偏差	±3	水准仪或拉线、钢尺检查
相邻构件平整度	3	2m 靠尺或吊线检查
相邻拼接缝宽度偏差	±3	钢尺检查
搁置长度	±5	钢尺检查

阳台板、空调板、楼梯安装允许误差 表 3-5

项目	允许偏差（mm）	检验方法
轴线位置	3	基准线和钢尺检查
标高偏差	±3	水准仪或拉线、钢尺检查
相邻构件平整度	4	2m靠尺或吊线检查
楼梯搁置长度	±5	钢尺检查

3.2.5 预制内隔墙条板安装

装配式隔墙包括板式隔墙、骨架隔墙、玻璃隔墙、活动隔墙等。板式隔墙的施工工艺流程：测量放线→连接件安装→墙板安装→缝隙处理→清洁保护；测量放线应以轴线为控制线，在地面、梁板底标注墙板轮廓线、门窗洞口位置；板材与基体结构宜采用连接件固定，连接件的间距应符合相关规范要求；板材应从主体墙、柱一端向另一端按顺序安装，有墙角、门垛部位应从其位置向两侧安装；相邻板材以及板材与基体结构之间缝隙宜采用专用密封材料嵌缝密实。设备管线、箱、盒开槽处应填充密实并进行表面防裂处理。

1. 预制内隔墙条板安装准备

内隔墙轻质条板是指采用水泥、砂及一些天然轻集料、人造轻集料等轻型材料或大孔洞轻型构造，在工厂按照通用建筑模数采用机械化方式生产制成，用于非承重内隔墙的预制条板。条板分实心条板、空心条板、复合夹心条板等，其长宽比一般不小于 2.5，常用单块条板宽度为 600mm，具有质量轻、强度高、保温隔热、隔声、防火、环保、施工速度快等特点。常用的内隔墙轻质条板类型有蒸压加气混凝土条板（Autoclaved aerated concrete slabs，简称 ALC）、蒸压陶粒混凝土条板（Autoclavedceramsite concrete slabs，简称 ACC）、挤压混凝土条板（Extruded concrete slabs，简称 ECC）、复合夹心条板（Composite and wich panel，简称 CSC）（图 3-43、图 3-44）。

目前常用的 ALC 是蒸压轻质混凝土是高性能蒸压加气混凝土（ALC）的一种。适用框架结构或框架-核心筒结构装配式建筑。

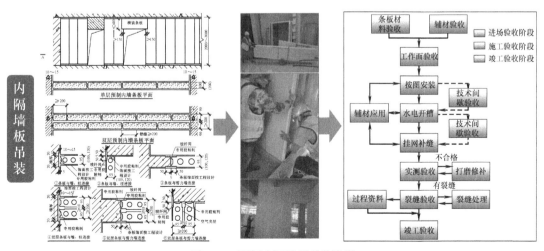

图 3-43 预制内隔墙板吊装流程

图 3-44 预制叠合板制造生产线

预制内隔墙条板安装工序中排板设计是非常重要的一个环节，这是根据建筑物的具体施工现场的位置，开间大小，楼层的高低来排定轻质隔墙板的使用量。当然这里需要具体设计图纸的确定（最好做到每一个房间都要有具体施工图纸，这样才能够做到减少建筑垃圾的产生，减少无用工作量）。排板设计（包括通用设计原则、模数、管道洞口位置、管线开槽）关乎长墙（超过 6m 的长向安装墙板）中的构造柱（或者伸缩缝）的排布，特别是公用建筑中楼道间的长墙施工安装非常重要。

此外，不应该任意管线开槽，有些部位或者在建筑的某个节点上不容许开槽（或者开槽的宽度和深度有限制），防止板材竖向断裂，出现意外伤害事故。节点设计（包括常规连接节点、特殊位置、管线开槽）关乎板材柔性衔接点（模数），管道上下洞口位置，管线开槽位置，板材高度（楼层高度）方向上的接板长度最好有具体的施工指导图，以便工人操作。

2. 预制内隔墙条板安装

（1）施工准备

为保证内隔墙轻质条板工程的顺利实施及高质量交付，应建立样板引路制度。通过样板实施能发现条板深化设计问题（核查排板图是否合理、线盒跨缝问题、构造柱设置、T形板及 L 形板的应用），进行相关专业纠偏（例如水电预埋偏位、厨卫混凝土反坎精度不足等），明确条板施工做法。为现场施工交底提供样板，指导工人批量实施，保障后期施工质量。

进场条件确认，条板进场施工前，应对现场场地和工作面进行交接验收，如存在问题应及时协调，并由主体施工单位负责调整到位；条板施工放线完成后，应对现场水平控制线及标高控制线进行验收复核。墙体线与主体结构间误差超出范围时，应由主体施工单位制定解决方案、落实整改，经验收合格后办理书面移交手续；安装人员与施工机具准备，批量施工前应根据项目工期需求编制条板施工计划及劳动力需求计划，条板施工包含卸货、运输、安装、水电开槽及回填、挂网修补、完工清场等工序。施工前应对安装人员进行技术文件、施工工艺、质量标准及安全文明施工进行培训与交底。

（2）材料进场与堆放

条板和辅材进场时应进行验收，验收内容主要包括材料质量证明文件、产品包装、外观质量及尺寸偏差，不合格的条板和辅材不得进入施工现场。条板材料进场前需对进场运输路线、停车位置、吊运方式及临时堆放场地进行提前策划，并做好相关的现场施工安排和安全保障措施；条板宜使用液压叉车平稳装卸，如采用吊运应使用宽度足够的尼龙吊带兜底起吊，严禁使用钢丝绳吊装，运输过程中宜侧立竖直，不宜平放；应配备条板专用运输送设备，确保电梯尺寸和运输路线满足要求。

临时堆放条板宜堆放于室内或不受雨水影响的场所，露天堆放应采用覆盖措施，防止雨水和污染；堆放场地应硬化且平整无积水；堆场宜靠近垂直运输设备，以减少多次搬运，条板应按种类、规格分别堆放；条板应下设木枋堆放，横向木枋应放置在距板端1/4处，凹槽朝下侧立堆放，立放角度不小于75°，不宜叠放（图3-45～图3-47）。

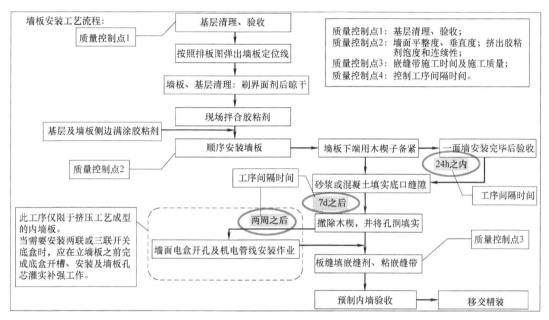

图 3-45　预制墙板吊装工艺全流程示意图

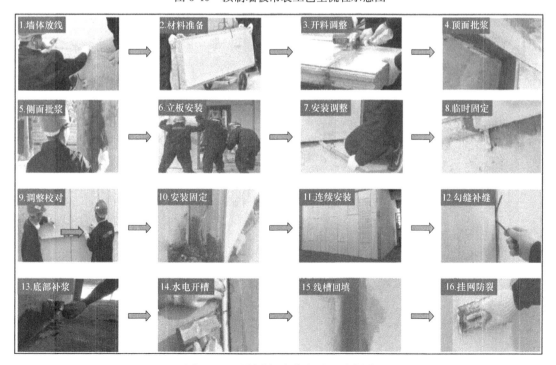

图 3-46　预制墙板安装全过程示意图

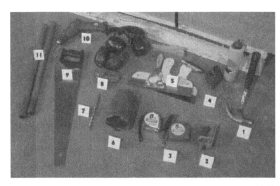 

图 3-47　预制墙板安装工具汇总

预制内隔墙条板工序详细说明见表 3-6。

预制内隔墙条板工序详细说明　　　　　　　　　　　　　　表 3-6

序号	工序	图片示意	工序说明	注意事项
1	墙体放线		按排板图放出墙体定位线	1. 墙体放线测量应使用钢尺； 2. 复核主控线定位精准度； 3. 墙体放线完成后应复核墙体定位线与主体结构墙、梁偏差，尺寸偏差超过 8mm 应复核调整
2	材料运输		材料堆放、搬运	1. 板材进场检查验收后用叉车按照各楼层墙面所需要的板材规格分别进行卸货，使用施工升降机垂直运输至各施工楼层； 2. 墙板在楼层内利用手翻车（劳动车、液压车）进行水平的搬运至所需要的墙板安装位置
3	材料准备		按楼层部位准备材料、深度加工	1. 条板与主体结构水电接驳部位切割开口（方口）； 2. 条板侧面凹凸槽刷水或涂刷界面剂，减少粉尘

序号	工序	图片示意	工序说明	注意事项
4	安装管卡		板材上墙前先把管卡打入板里	1. 在条板与主体结构墙柱、梁板的连接、条板的侧面及上端部提前批专用砂浆保证后挤浆密实,专用砂浆饱满度不小于80%; 2. 地面扫除灰尘并洒水湿润(条板安装前施工); 3. 条板底缝高度不宜超过25mm
5	槽口抹浆		第二块板安装前,板侧面抹专用胶粘剂	专用砂浆填充密实要求: 砂浆从单侧进行抹浆,另外一侧溢流出浆后在两侧批平条板面
6	侧面批浆	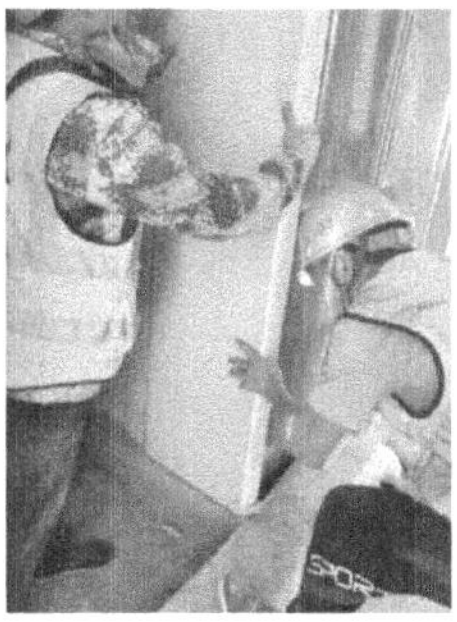	在条板与主体结构墙柱、梁板的连接处提前批配套砂浆,保证安装后挤浆密实	1. 专用砂浆厚度不得小于20mm厚; 2. 砂浆在搅拌完成后4h内用完
7	立板安装		垂直调整后打射钉固定管卡	竖缝、顶缝刷水湿润后抹浆约20mm厚

序号	工序	图片示意	工序说明	注意事项
8	安装调整	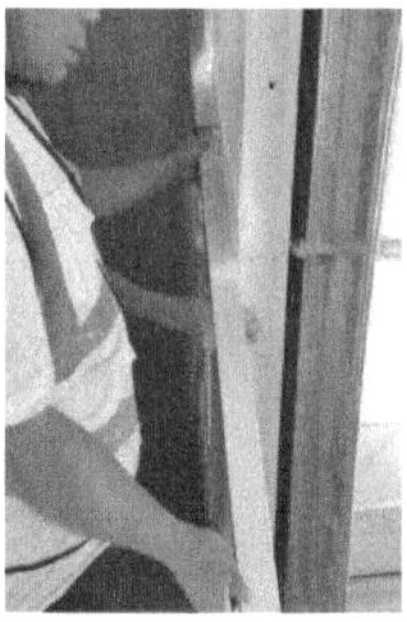	以2名安装人员为一组,一人保持条板竖直,一人使用专用工具调整定位并挤浆密实	1. 挤浆安装,条板竖向缝宽度应按要求控制(普通条板3～4mm;墙体最后一块条板应小于200mm); 2. 底部打木楔备紧(双侧打木楔)
9	检查量测		安装过程中随装、随测、随调整,满足精度要求,严禁安装后扰动	1. 条板垂直度、平整度满足4mm以内精度要求; 2. 主体结构有偏差,条板水平位移允许调整偏差5mm以内
10	连续安装		依照条板排板图安装	1. 依照条板排板图施工; 2. 非标准切割条板应适当调整于靠剪力墙和柱方向
11	水电管线开槽		条板安装完成后7d后方可使用电动工具开槽	开槽:不宜横向开槽,可沿板长方向开槽;宜避开主要受力钢筋;开槽时应弹线并采用专用工具开槽
12	退木楔补缝		墙板底缝补浆完成2～3d后方可取出木楔,禁止提前扰动	1. 间歇时间:安装完成2～3d以后; 2. 退楔:严禁左右野蛮敲击木楔松动,木楔断裂残留底缝必须清除干净; 3. 补缝:湿润后填实缝隙

续表

序号	工序	图片示意	工序说明	注意事项
13	开槽防裂措施		敷设管线后应用专用修补材料补平并做防裂处理。水电线盒安装固定后,采用配套砂浆填实条板缝隙,分两次收平条板	1. 敷设管线需要时刻用管卡件将管线固定在墙上按线切割、凿子轻打(严禁野蛮暴力打凿); 2. 竖向拼缝处抹3~4mm砂浆,板与板、板与结构处粘贴耐碱玻纤网格布,用刮刀轻拍耐碱玻纤网格布使其沉入砂浆内再批砂浆使其两侧平面齐平
14	自检工作		每安装完成一面墙均进行自检	自检工作,依照条板排板图依次施工;整个墙面板安装完成后,应检查墙面安装质量。对超过允许偏差的墙面用钢齿磨砂板修正,清理施工现场和已施工完成的板墙表面

3. 预制内隔墙条板验收

预制内隔墙条板工程质量应符合现行《建筑工程施工质量验收统一标准》GB 50300、《建筑装饰装修工程质量验收标准》GB 50210、《建筑轻质条板隔墙技术规程》JGJ/T 157和《蒸压加气混凝土板应用技术规程》DBJ/T 15—181 的有关规定（表 3-7～表 3-9）。

蒸压加气混凝土板洞口位置允许偏差要求 表 3-7

检验项目	技术要求（mm）	检验方法
洞口位置	±10	量具测量（精度 1mm）
洞垂直度	≤长度或直径的 1%且不大于 2	量具测量（精度 1mm）
洞口平整度		

ALC 隔墙板安装尺寸允许偏差 表 3-8

项目	尺寸允许偏差（mm）	检验方法
墙体轴线位移	5	用经纬仪或拉线和尺检查
表面平整度	4	用 2m 靠尺和楔形塞尺检查
立面垂直度	4	用 2m 垂直检测尺检查
接缝高低	2	用直尺和楔形塞尺检查
阴阳角方正	3	用方尺及楔形塞尺检查
门、窗洞高度、宽度	5	用卷尺检查

蒸压加气混凝土板门窗洞口允许偏差　　　　　　　　表 3-9

检验项目	允许偏差(mm)	检验方法
门、窗高度、宽度	±10	经纬仪(精度 1mm)
门、窗对角线长度差	5	量具测量(精度 1mm)
门窗侧边垂直度	$1.5L/1000$ 且不大于 3	靠尺及水平尺
门窗中心线与基线偏差	5	量具测量(精度 1mm)
门窗下平面标高	±5	量具测量(精度 1mm)

注：L 为板长度（mm）。

（1）验收流程

在条板工程的自检、交接检合格的基础上，进行专检、复检；由施工单位通知建设单位和监理单位进行各项隐蔽工程验收、墙板安装的重点部位验收等工作。一般条板工程的验收流程如图 3-48 所示。

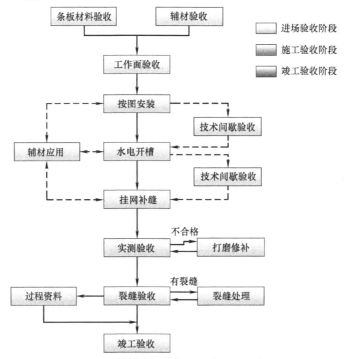

图 3-48　预制墙板安装工艺全流程示意图

（2）验收内容

1）条板深化设计图、施工过程中的设计变更、重大技术问题的处理文件、工作记录；

2）条板及配套辅材的产品合格证书、型式检测报告、进场验收记录和复验报告，现场配制粘结材料的配合比通知单；

3）墙体分项工程施工记录、隐蔽工程验收记录、分项工程质量检验评定表。

（3）验收要点

1）材料验收：进场前检查条板出厂资料、外观质量，施工过程中按检验批划分抽取条板样品送检；

2）辅材验收：进场前检查辅材的出厂资料、外观尺寸及材质，施工过程中按检验批划分抽取专用砂浆样品送检；

3）工作面移交验收：工作面移交前，检查现场清理情况，主体精度是否满足条板安装要求；

4）施工过程验收：检查现场安装是否按图施工，卡码、抗震胶垫等辅材是否按方案实施，水电开槽是否按确定线采用专业工具切割开槽，补缝是否按施工工艺要求挂玻纤网格布；

5）技术间歇时间：检查退木楔补缝、水电开槽、挂网补缝等技术间歇时间是否按方案要求执行，同时应上墙验收时间标识；

6）安装精度验收：安装完成后对墙体垂平度、开间进深、门洞尺寸等精度进行测量验收；

7）条板裂缝检查：移交下道工序前应检查墙体裂缝情况，如有开裂，条板安装从材料进场到移交工作面工序多、工期长，各项工序之间存在技术间歇时间，应建立完善的成品保护制度，避免墙体因成品保护不足影响墙体质量及外观；

8）应全数维修后移交。应制定专项保修方案，报修时及时跟进处理。

（4）成品保护

1）条板安装完毕后 24h 内不得靠碰，不得进行下一道工序施工（接高安装应在首层条板安装完成后 3d 方可施工）。安装后 14d 内不得受到平面外的作用力，施工梯架、工程物料等不得支撑、顶压或斜靠在墙体上，以防墙体变形；

2）条板安装完成 3d 后方可退木楔补缝；

3）在墙体上进行的水、电、气等专业工种施工，应在条板安装完成 7d 后实施，按点位画线并验收通过，使用专用工具开孔、开槽，严禁随意打凿；

4）已完成安装施工的条板，应在墙体上标记施工节点记录；

5）其他工序施工时，应做好防止墙面污染、损坏的保障措施。

（5）竖向连接节点大样图（图 3-49、图 3-50）

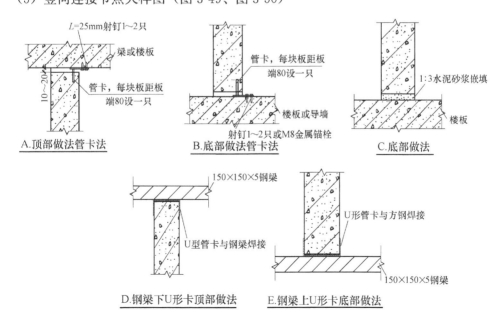

图 3-49　预制墙板安装节点

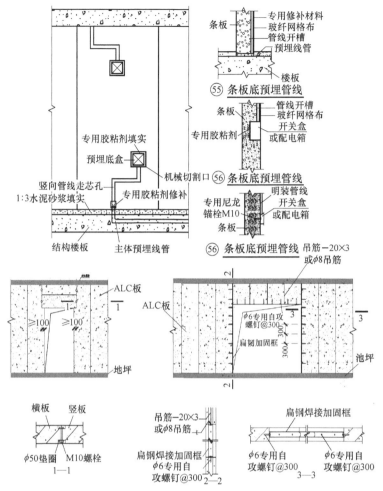

图 3-50　预制墙板安装布置图

预制内隔墙板施工机具见表 3-10。

预制内隔墙条板施工机具一览表　　　　　　　表 3-10

名称	规格、型号	图片示意	匹配标准
推板车	长度 65～70cm 宽度 35cm		运载 3 块标准板
切割机	9 寸、10 寸		1520W 功率

名称	规格、型号	图片示意	匹配标准
切割片	直径 250mm		
水平仪	OLD12-65		绿光,2、3、5 线
搅浆机	J1Z-FF03-16A 飞机钻		纯铜电机,搅、钻两用
搅拌杆 (样板制)	所用钢筋直径 达 20mm 即可	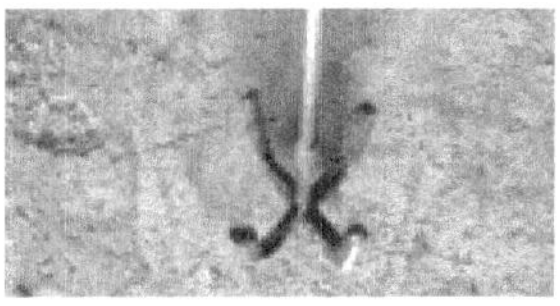	
手磨机	WSM800-100		800W 功率,铜线电机
水泥磨片	直径 100mm		耐磨
射钉枪	ST18 钢钉枪		2300W 功率, 打钉速度 45pcs/min
射钉弹	与射钉枪匹配		
检测靠尺	2m 长		垂平检测
斗车	常规		
卷尺	DL4172		19mm×5m
安装靠尺	JZC		2m+对角尺,铝合金

4

预制构件吊装质量管理

4.1 预制构件吊装质量标准与控制

　　装配式混凝土建筑施工应按现行国家标准《建筑工程施工质量验收统一标准》GB 50300 的有关规定进行单位工程、分部工程、分项工程和检验批的划分和质量验收。装配式混凝土结构工程应按混凝土结构子分部工程进行验收，装配式混凝土结构部分应按混凝土结构子分部工程的分项工程验收。混凝土结构子分部中其他分项工程应符合现行国家标准《混凝土结构工程施工质量验收规范》GB 50204 的有关规定。外围护工程、内装饰工程、设备与管线工程应按国家现行有关标准进行质量验收。预制构件的原材料质量、钢筋加工和连接的力学性能、混凝土强度、构件结构性能、装饰材料、保温材料及拉结件的质量等均应根据国家现行有关标准进行检查和检验，并应具有生产操作规程和质量检验记录。应对预埋于现浇混凝土内的灌浆套筒连接接头、浆锚搭接连接接头的预留钢筋的位置进行控制，并采用可靠的固定措施对预留连接钢筋的外露长度进行控制。应对与预制构件连接的定位钢筋、连接钢筋、桁架钢筋及预埋件等安装位置进行控制。

　　传统现浇建筑施工易发生混凝土表观质量差、砌体开裂、现浇楼板裂隙、楼地面渗漏水、外墙渗漏水、外窗渗漏水、墙面抹灰裂隙、屋面渗漏水、室内标高和几何尺寸偏差、水电安装质量缺陷等质量通病。这些常见质量通病的成因很多，一般来说主要和材料选择、施工工艺、使用维护等因素有关，其中关键因素是施工过程和施工工艺。相较于传统现浇建筑，装配式建筑转变了生产方式，变革了施工方式。具备了建筑设计标准化、部品生产工厂化、现场施工装配化、结构装修一体化和建造过程信息化等现代建筑工业化条件，将生产方式由"手工"变为"机械"、场地由"工地"变为"工厂"、做法由"施工"变为"总装"、生产人员由"技术工人"变为"操作工人"、现场作业人员由"进城务工人员"变为"产业工人"。最大限度地消除人为因素的影响和制约，并对温度、湿度等施工条件进行精准控制，有效地改善混凝土建筑常见质量通病。装配式建筑在变革传统现浇建筑建造模式的同时，也新增了预制构件运输、安装、连接等施工环节，产生了新的质量控制重点和难点。

4.1.1 预制构件吊装质量标准

　　装配式建筑质量管控重点集中在预制构件安装、连接以及成品保护等传统现浇建筑建设过程中没有的环节。传统现浇建筑和装配式建筑质量管控关注点存在差异，对应所采取的质量管控措施也有较大不同。预制混凝土构件在装配过程中的成品保护、质量管理、安装过程中的质量检查、验收应符合以下规定。

《混凝土结构工程施工规范》GB 50666—2011 第 9 章

《混凝土结构工程施工质量验收规范》GB 50204—2015 第 9 章

《装配式混凝土建筑技术标准》GB/T 51231—2016 第 9、10、11 章

《装配式混凝土结构技术规程》JGJ 1—2014 第 11、12、13 章

《钢筋套筒灌浆连接应用技术规程》JGJ 355—2015 第 6 章

传统现浇建筑与装配式建筑质量管控差异与重点分析见表 4-1。

传统现浇建筑与装配式建筑质量管控差异与重点分析表　　　表 4-1

项目内容	传统现浇建筑	装配式建筑
管控关注点	混凝土质量通病、主体渗漏水、室内装修质量	预制构件安装、连接质量
控制重点	建筑材料；混凝土质量；砌体开裂；现浇楼板裂隙；楼地面、外墙、外窗、屋面渗漏水；室内标高和几何尺寸偏差；墙面抹灰裂隙、地砖翘曲变形、墙砖错缝空鼓等装修质量问题	预制构件进场检验；吊装精度控制；预制构件连接；灌浆施工；构件成品保护堆放
常见质量问题	混凝土表观质量差：蜂窝、麻面、孔洞、露筋、夹渣、裂隙等；现浇楼板裂隙：贯通性裂隙或上表面裂隙、现浇板外角部位斜裂隙、现浇板沿预埋管产生裂隙；砌体裂隙：不同基材交接部位裂隙、临时施工洞口裂隙、墙内暗敷线管处裂隙；地面渗漏水：管根、墙根、板底渗漏；外墙渗漏水：饰面层裂隙、外墙渗漏；外窗框渗水、组合窗拼接处渗水；屋面渗漏水；室内标高和几何尺寸偏差；墙面抹灰裂隙、地砖翘曲变形、墙砖错缝空鼓	预制构件吊点设置不合理；次梁布置方式不合理；预制墙板吊装偏位；后浇段钢筋偏位；封口砂浆过多；灌浆不密实；已安装成品被污染
重点管控措施	完善质量管理体系和制度并执行到位；编制有针对性、科学可靠的施工工艺技术方案并进行交底；加强现场一线施工人员岗位培训，持证上岗；严格按操作规程和工法进行施工作业；采取有效措施，保障温度、湿度等施工环境符合规范要求；严格选择水泥、砂、钢筋等主要建筑材料；科学控制混凝土配合比；合理控制混凝土运输和搅拌时间；严格管理浇筑施工作业流程；加强混凝土科学养护	创新质量管理方法，加强预制构件质量管理，提高构件深化设计质量，加强构件生产、堆放、运输和现场施工吊装、节点连接、成品保护等环节的质量控制

1. 设计生产阶段的质量控制要点

（1）设计阶段质量控制要点

装配式混凝土建筑的设计涉及结构方式的重大变化和各个专业各个环节的高度契合，对设计深度和精细程度要求高，一旦设计出现问题，到施工时才发现，许多构件已经制成，往往会造成很大的损失，也会延误工期。装配式混凝土建筑不能像现浇建筑那样在现场临时修改或是砸掉返工。因此必须保证设计精度、细度、深度、完整性，必须保证不出错，必须保证设计质量。

（2）构件生产阶段质量控制要点

装配式混凝土建筑预制构件质量控制主要在两个方面：一是，要做好质量管理工作，

建立完整有效的质量管理体系。二是，要强化施工过程质量管理，在施工作业各个关键环节做好质量保障工作。

1）预制构件生产质量管理：

一是，要建立质量管理体系。预制构件生产单位应具备保证产品质量要求的生产工艺设施、试验检测条件，建立完善的质量管理体系和制度，并宜建立质量可追溯的信息化管理系统。同时，也要注重建立质量标准、组建质量管理组织架构、制定质量管理流程、完善质量管理制度、监督检查质量管理执行情况等核心环节，系统性地保障装配式建筑工程质量。预制构件生产单位质量管理体系负责人通常由厂长或技术负责人担任。

二是，预制构件生产宜建立首件验收制度。首件验收制度是指结构较复杂的预制构件或新型构件首次生产或间隔较长时间重新生产时，生产单位需会同建设单位、设计单位、施工单位、监理单位共同进行首件验收，重点检查模具、构件、预埋件、混凝土浇筑成型中存在的问题，确认该批预制构件生产工艺是否合理，质量能否得到保障，共同验收合格之后方可批量生产。

三是，预制构件生产的质量检验应按模具、钢筋、混凝土、预应力、预制构件等检验进行。检验时对新制或改制后的模具应按件检验，对重复使用的定型模具、钢筋半成品和成品应分批随机抽样检验，对混凝土性能应按批检验。

四是，新技术、新工艺、新材料、新设备应用。预制构件和部品生产中采用新技术、新工艺、新材料、新设备时，生产单位应制定专门的生产方案；必要时进行样品试制，经检验合格后方可实施；生产单位欲使用新技术、新工艺、新材料时，可能会影响到产品的质量，必要时应试制样品，并经建设、设计、施工和监理单位核准后方可实施。

五是，原材料进厂检验。预制构件用原材料及配件应按照规定要求按检验批进行进厂检验，灌浆套筒和灌浆料进厂检验应符合现行行业标准有关规定，预埋吊件进厂按批抽取试样进行外观尺寸、材料性能、抗拉拔性能等试验。

2）预制构件施工质量控制：

一是，模具质量控制。预制构件生产用模具应具有足够的强度、刚度和整体稳固性，模具尺寸偏差应满足相应的要求；主要检查项目包括长、宽、高、底模表面平整度、对角线差、侧向弯曲、翘曲组装缝隙等内容。预制构件模具安装精度控制在规范允许偏差之内。

二是，涂刷界面剂。界面剂需均匀涂刷在模具上，不得出现堆积、流挂、未涂刷等现象。涂刷完的边模要求涂刷面水平向上放置；涂刷厚度必须符合厂家技术指标要求。隔离剂采用水性隔离剂，涂刷符合厂家技术要求。

三是，钢筋绑扎及预埋件安装。预制构件生产采用钢筋半成品、钢筋网片、钢筋骨架和钢筋桁架应检查合格后方可进行安装。预留预埋应根据图纸要求按指定位置预留好，严格控制预留偏差，避免因预留预埋不准确而影响现场安装。

四是，混凝土浇筑。混凝土浇筑前，预埋件及预留钢筋的外露部分宜采取防止污染的措施；混凝土振捣过程中应随时检查模具有无漏浆、变形或预埋件有无移位等现象。

五是，预制构件养护。根据预制构件特点和生产任务量选择自然养护、自然养护加养护剂或加热养护方式。混凝土浇筑完毕或压面工序完成后应及时覆盖保湿。

六是，粗糙面水洗。粗糙面冲洗工序操作必须在拆模工序完成后规范规定时间内完成冲洗。

七是，脱模起吊和成品检验。预制构件拆模起吊时应达到强度要求，起吊强度设计未明确时根据规范要求进行。确保拆模和起吊过程中不对构件产生破坏。预制构件经检验合格后打上构件标识和二维码，进行成品入库，并制作构件合格证。

2. 施工阶段的质量控制要点

（1）预制构件进场检验

预制构件进场时应全数检查外观质量，不得有严重缺陷，且不应有一般缺陷。预制构件的允许偏差及检验方法应符合表4-2、表4-3要求，应全数检查，预制构件有粗糙面时，粗糙面相关的尺寸允许偏差可适当放松。预制构件尺寸允许偏差及检验方法应依据《装配式混凝土结构技术规程》JGJ 1 的有关规定实施。

装配式混凝土结构外观质量缺陷一览表 表4-2

名称	现象	严重缺陷	一般缺陷
结合面	未按设计要求将结合面设置成粗糙面或键槽以及配置抗剪（抗拉）钢筋	未设置粗糙面；键槽或抗剪（抗拉）钢筋缺失或不符合设计要求	设置的粗糙面不符合设计要求
露筋	构件内钢筋未被混凝土包裹而外漏	纵向受力钢筋有露筋	其他钢筋有少量露筋
蜂窝	混凝土表面缺少水泥砂浆而形成石子外漏	构件主要受力部位有蜂窝	其他部位有少量蜂窝
孔洞	混凝土中孔穴深度和长度均超过保护层厚度	构件主要受力部位有孔洞	其他部位有少量孔洞
夹渣	混凝土中夹有杂物且深度超过保护层厚度	构件主要受力部位有夹渣	其他部位有少量夹渣
疏松	混凝土中局部不密实	构件主要受力部位有疏松	其他部位有少量疏松
裂缝	缝隙从混凝土表面延伸至混凝土内部	构件主要受力部位有影响结构性能或使用功能的裂缝	其他部位有少量不影响结构性能或使用功能的裂缝
连接部位缺陷	构件连接处混凝土缺陷及连接钢筋、连接件松动	连接部位有影响结构传力性能的缺陷	连接部位有少量不影响结构传力性能的缺陷
外形缺陷	缺棱角、棱角不直、翘曲不平、飞边凸肋等	清水混凝土构件有影响使用功能或装饰效果的外形缺陷	其他混凝土构件有不影响使用功能的外形缺陷
外表缺陷	构件表面麻面、掉皮、起砂、沾污等	具有重要装饰效果的清水混凝土构件有外表缺陷	其他混凝土构件有不影响使用功能的外表缺陷

装配式混凝土预制构件质量控制精度一览表 表4-3

项目		允许偏差（mm）	检验方法
长度	板、梁、柱、桁架 ＜12m	±5	尺量检查
	板、梁、柱、桁架 ≥12m且＜18m	±10	
	板、梁、柱、桁架 ≥18m	±20	
	墙板	±4	

续表

项目		允许偏差 （mm）	检验方法
宽度、 高(厚)度	板、梁、柱、桁架截面尺寸	±5	钢尺量一端及中部,取 其中偏差绝对值较大处
	墙板的高度、厚度	±3	
表面平整度	板、梁、柱、墙板内表面	5	2m靠尺和塞尺检查
	墙板外表面	3	
侧向弯曲	板、梁、柱	1/750 且≤20	接线、钢尺量最大侧向 弯曲处
	墙板、桁架	1/1000 且≤20	
翘曲	板	1/750	调平尺在两端量测
	墙板	1/1000	
对角线差	板	10	钢尺量两个对角线
	墙板、门窗口	5	
挠度变形	梁、板、桁架设计起拱	±10	拉线、钢尺量最大弯 曲处
	梁、板、桁架、下垂	0	
预留孔	中心线位置	5	尺量检查
	孔尺寸	±5	
预留洞	中心位置	10	尺量检查
	洞口尺寸、深度	±10	
门窗口	中心线位置	5	尺量检查
	宽度、高度	±3	
预埋件	预埋件锚板中心线位置	5	尺量检查
	预埋件锚板与混凝土面平面高差	0,-5	
	预埋螺栓中心线位置	2	
	预埋螺栓外漏长度	+10,-5	
	预埋套筒、螺母中心线位置	2	
	预埋套筒、螺母与混凝土面平面高差	0,-5	
	线管、电盒、木砖、吊环在构件平面的中心线位置偏差	20	
	线管、电盒、木砖、吊环与构件表面混凝土高差	0,-10	
预留插筋	中心线位置	3	尺量检查
	外露长度	+5,-5	
键槽	中心线位置	5	尺量检查
	长度、宽度、深度	±5	

注：L 为模具与混凝土接触面中最长边的尺寸。

（2）预制构件吊装精度控制

预制构件吊装质量控制重点在于施工测量的精度控制。为达到构件整体拼装的严密性，避免因累计误差超过允许偏差值而使后续构件无法正常吊装就位等问题的出现，吊装前须对所有吊装控制线进行认真的复检，构件安装就位后须由项目部质检员会同监理工程师验收构件的安装精度。安装精度经验收签字通过后方可进行下道工序施工。

轴线、柱、墙定位边线及 200mm 或 300mm 控制线、结构 1m 线、建筑 1m 线、支撑定位点在放线完成后及时进行标识。装配式结构尺寸允许偏差及检验方法应依据《装配式混凝土结构技术规程》JGJ 1 有关规定实施（表 4-4）。

预制构件吊装精度控制一览表　　　　　　　　　表 4-4

项目			允许偏差(mm)	检验方法
构件轴线位置	竖向构件(柱、墙、桁架)		8	经纬仪及尺量
	水平构件(梁、楼板)		5	
标高	梁、柱、墙板 楼板底面或顶面		±5	水准仪或拉线、尺量
构件垂直度	柱、墙板安装 后的高度	≤6m	5	经纬仪或吊线、尺量
		>6m	10	
构件倾斜度	梁、桁架		5	经纬仪或吊线、尺量
相邻构件平整度	梁、楼板底面	外露	3	2m 靠尺和塞尺量测
		不外露	5	
	柱、墙板	外露	5	
		不外露	8	
构件搁置长度	梁、板		±10	尺量
支座、支垫中心位置	板、梁、柱、墙、桁架		10	尺量
墙板接缝	宽度		±5	尺量

（3）墙板吊装施工

墙板吊装前对外墙分割线进行统筹分割，尽量将现浇结构的施工误差进行平差，防止预制构件因误差累积而无法进行。吊装应依次铺开，不宜间隔吊装。吊装前，在楼面板上根据定位轴线放出预制墙体定位边线及 200mm 控制线，检查竖向连接钢筋，针对偏位钢筋用钢套管进行矫正。吊装就位后应用靠尺核准墙体垂直度，调整斜向支撑，固定斜向支撑，最后才可摘钩。

（4）叠合板吊装施工

预制叠合板按照吊装计划按编号依次叠放。吊装顺序尽量依次铺开，不宜间隔吊装。板底支撑不得大于 2m，每根支撑之间高差不得大于 2mm、标高差不得大于 3mm，悬挑板外端比内端支撑尽量调高 2mm。叠合层混凝土浇捣结束后，应适时对上表面进行抹面、收光作业，作业分粗刮平、细抹面、精收光三个阶段完成。混凝土应及时洒水养护，使混凝土处于湿润状态，洒水次数不得少于 4 次/d，养护时间不得少于 7d。

（5）楼梯吊装施工

预制楼梯段安装时要校对标高，安装预制段时除校对标高外，还应校对预制段斜向长度，以避免预制楼梯段支座处接触不实或搭接长度不够而引起的支承不良。严禁干摆浮搁。安装时应严格按设计要求安装楼梯与墙体连接件，安装后及时对楼梯孔洞处进行灌浆封堵。安装休息板应注意标高及水平位置线的准确性。避免因抄平放线不准而导致休息板面与踏步板面接槎不齐。

（6）套筒灌浆施工

现场存放灌浆料时需搭设专门的灌浆料储存仓库，要求该仓库防雨、通风，仓库内搭设放置灌浆料存放架（离地一定高度），使灌浆料处于干燥、阴凉处。拌制灌浆料应进行浆料流动性检测，留置试块，然后才可以进行灌浆。一个阶段灌浆作业结束后，应立即清洗灌浆泵。灌浆泵内残留的灌浆料浆液如已超过 30min（自制浆加水开始计算），不得继续使用，应废弃。

在预制墙板灌浆施工之前对操作人员进行培训，通过培训增强操作人员对灌浆质量重要性的意识，明确该操作行为的一次性，且不可逆的特点，从思想上重视其所从事的灌浆操作；另外，通过工作人员灌浆作业的模拟操作培训，规范灌浆作业操作流程，熟练掌握灌浆操作要领及其控制要点。

预制墙板与现浇结构结合部分表面应清理干净，不得有油污、浮灰、粘贴物、木屑等杂物，构件周边封堵应严密，不漏浆。

3. 验收阶段的质量控制要点

预制构件产品进场由监理单位组织施工单位、预制构件生产单位进行全数验收，验收内容包括构件生产全过程质量控制资料、构件成品质量合格证明文件、预埋件、预留孔洞、外观质量（包括标识）、结构性能检验等，验收内容还应当包括影响吊装安全的缺陷检查。

建设单位组织设计单位、施工单位、监理单位及预制构件生产单位进行同类型的预制混凝土构件生产首件验收，验收内容包括构件生产全过程质量控制资料、构件成品质量合格证明文件、预埋件、预留孔洞、外观质量（包括标识）、结构性能检验等，合格后进行批量生产。

现场首层或者首个施工段预制构件安装由建设单位组织设计、施工、监理和预制构件生产单位共同验收，重点对连接节点、防水处理、水电安装等质量进行验收。

装配式混凝土结构工程施工质量验收时，施工单位提供下列文件和记录：

1）设计及变更文件、预制构件制作和安装深化设计图、施工组织设计（专项施工方案）；

2）原材料、预制构配件等的出厂质量证明文件和进场抽样检测报告，钢筋灌浆套筒连接接头的抗拉强度试验报告；

3）施工记录（测量记录、安装记录、钢筋套筒灌浆连接或者钢筋浆锚搭接连接的施工检验记录和影像资料等）；

4）监理旁站记录及影像资料；

5）有关安全及功能的检验项目现场检测报告；

6）外墙防水施工质量检验记录；

7）隐蔽工程检验项目检查验收记录；

8）分部（子分部）工程所含分项工程及检验批质量验收记录；

9）工程重大质量事故处理方案；

10）按照国家现行标准要求应当提供的文件和记录。

进入现场的构件性能应符合设计要求，并具有完整的构件出厂质量合格证明文件、型式检验报告、现场抽样检测报告。专业企业生产的混凝土预制构件进场时，应按每批进场不超过 1000 个同类型预制构件为一批，在每批中应随机抽取 1 个构件进行结构性能检验报告或实体检验报告检查。

　　构件进场时，应对构件上的预埋件、插筋和预留孔洞的规格、位置和数量进行全数检查；应对尺寸偏差进行全数检查，构件不应有影响结构性能、安装和使用功能的尺寸偏差。对超过尺寸允许偏差且影响结构性能和安装、使用功能有问题的部件，应按技术处理方案进行处理，并重新检查验收。

　　混凝土构件的混凝土强度、钢筋直径、钢筋位置应全数检查，并符合设计要求；装饰混凝土构件应观察或用小锤敲打构件，检查其是否符合彩色饰面构件的外表，且应色泽一致，陶瓷类装饰面砖一次反打成型构件，面砖应粘结牢固、排列平整、间距均匀。

　　叠合构件进厂时，应检查其端部钢筋留出长度和上部粗糙面是否符合设计要求，当粗糙面设计无具体要求时，可采用拉毛或凿毛等方式制作粗糙面。粗糙面凹凸深度不应小于4mm。构件有粗糙面时，与粗糙面相关的尺寸允许偏差，可适当放宽。在同一检验批内，对梁、柱、墙和板应抽查构件数量的10%，且不少于3件；对大空间结构墙可按相邻轴线间高度5m左右划分检查面，板可按纵、横轴线划分检查面，抽查10%，且均不少于3面（表4-5）。

预制构件安装尺寸允许偏差及检验方法　　　　　　　　　　　表 4-5

项目		允许偏差(mm)	检验方法
外观质量		不宜有一般缺陷,对已出现的一般缺陷,应按技术处理方案进行处理,并重新验收	观察,检查技术处理方案
长度偏差	板、梁	−5～+10	钢尺检查
	柱	−10～+5	
	墙板	±5	
	薄腹梁、桁架	−10～+15	
宽度、高(厚)度偏差		±5	钢尺量,一端及中部,取其中较大值
侧向弯曲	梁、柱、板	不大于$L/750$且不大于20mm	拉线、钢尺量最大侧向弯曲处
	墙板、薄腹梁、桁架	不大于$L/1000$且不大于20mm	
预埋件	中心位移	≤10	钢尺检查
	螺栓位移	≤5	
	螺栓外露长度偏差	0～+10	
预留孔中心位移		≤5	钢尺检查
预留洞中心位移		≤15	钢尺检查
主筋保护层厚度偏差	板	−3～+5	钢尺或保护层厚度测定仪量测
	梁、柱、墙板、薄腹梁、桁架	−5～+10	
板、墙板对角线差		≤10	钢尺量两个对角线
板、墙板、柱、梁表面平整度		≤5	2m靠尺和塞尺检查
梁、墙板、薄腹梁、桁架预应力构件预留孔道位置偏差		≤3	钢尺检查
翘曲	板	≤$L_2/750$	调平尺在两端量测
	墙板	≤$L_2/1000$	

注：L 为模具与混凝土接触面中最长边的尺寸。

预制构件安装及验收标准应满足以下要求（表 4-6）。

预制构件安装尺寸允许偏差及检验方法   表 4-6

项目		允许偏差/mm	检验方法
构件中心线 对轴线位置	基础	15	经纬仪及尺量
	竖向构件(柱、墙、桁架)	8	
	水平构件(梁、板)	5	
构件标高	梁、柱、墙、板底或顶面	±5	水准仪或拉线、尺量
垂直度	柱、墙 ≤6	5	经纬仪或吊线、尺量
	柱、墙 >6	10	
倾斜度	梁、桁架	5	经纬仪或吊线、尺量
相邻构件平整度	板端面	5	2m靠尺和塞尺测量
	梁、板底面 外露	3	
	梁、板底面 不外露	5	
	柱墙侧面 外露	5	
	柱墙侧面 不外露	8	
构件搁置长度	梁板	±10	尺量
支座、支垫中心位	板、梁、柱、墙、桁架	10	尺量
墙板接缝	宽度	±5	尺量

4.1.2 预制构件吊装质量控制

安装施工前应进行测量放线、设置构件安装定位标识。测量放线应符合国家标准《工程测量标准》GB 50026 的有关规定。构件安装准确与否与测量定位有主要关系，测量定位为装配式工艺的关键控制点。装配式住宅中轴线设置应遵循每栋建筑物的轴线不得少于四条，即纵、横向各两条，当建筑物长度超过 50m 时，可增附加横向控制线。预制剪力墙安装、预制叠合板安装、预制楼梯踏步安装除提供轴线定位外，标高需要进行二次复核，确保构件安装标高准确。预制构件吊装就位后，应及时校准并采取临时固定措施。

预制构件就位校核与调整应符合下列规定：

1）预制墙板、预制柱等竖向构件安装后，应对安装位置、安装标高、垂直度进行校核和调整；

2）叠合构件、预制梁等水平构件安装后，应对安装位置、安装标高进行校核与调整；

3）水平构件安装后，应对相邻预制构件平整度、高低差、拼缝尺寸进行校核与调整；

4）装饰类构件应对饰面的完整性进行校核与调整（图 4-1、图 4-2）。

1. 竖向预制构件安装临时支撑规定

预制构件与吊具的分离应在校准定位及临时支撑安装完成后进行。竖向预制构件安装采用临时支撑时，应符合下列规定。

1）预制构件的临时支撑不宜少于 2 道；

2）对预制柱、墙板构件的上部斜支撑，其支撑点距离板底的距离不宜大于构件高度的 2/3，且不宜小于 1/2；斜支撑应与构件可靠连接。

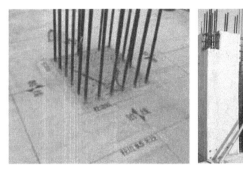

图 4-1　柱子轴线、控制线、边线定位

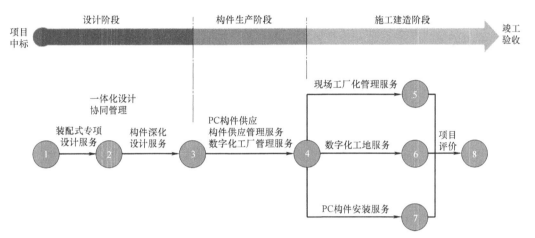

图 4-2　预制构件全过程流程

3）构件安装就位后，可通过临时支撑对构件的位置和垂直度进行微调。

2. 水平预制构件安装临时支撑规定

首层支撑架体的地基应平整坚实，宜采取硬化措施；临时支撑的间距及其与墙、柱、梁边的净距应经设计计算确定，竖向连续支撑层数不宜少于两层且上下层支撑宜对准；叠合板预制底板下部支架宜选用定型独立钢支柱，竖向支撑间距应经计算确定（图 4-3）。

图 4-3　水平预制构件安装临时支撑

3. 构件安装精度控制

预制构件的吊装采用专用的起吊工具：预制凸窗采用"一种可多吊点起吊钢梁"进行垂直精准吊装，楼梯采用电动葫芦进行可调节安装角度的吊装。

当构件调离地面时，检查构件是否水平，各吊钉的受力情况是否均匀，在距离安装位置 1.5～2m 高时停止塔式起重机下降，复核构件的型号及方向应和设计保持一致。根据楼面所放出的墙侧边线、端线及下部墙板的企口进行初步定位。

4. 预制墙板安装规定

与现浇部分连接的墙板宜先行吊装，其他宜按照外墙先行吊装的原则进行吊装；就位前，应在墙板底部设置调平装置；用灌浆套筒连接、浆锚搭接连接的夹心保温外墙板应在保温材料部位采用弹性密封材料进行封堵；用灌浆套筒连接、浆锚搭接连接的墙板需要分仓灌浆时，应采用坐浆料进行分仓；多层剪力墙采用坐浆时应铺设均匀坐浆料；坐浆料强度应满足设计要求；墙板以轴线和轮廓线为控制线，外墙应以轴线和外轮廓线双控制；安装就位后，应设置可调斜支撑临时固定，测量预制墙板的水平位置、垂直度和高度等，通过墙底垫片、临时斜支撑进行调整；预制墙板调整就位后，墙底部连接部位宜采用模板封堵；叠合墙板安装就位后进行叠合墙板拼缝处附加钢筋安装，附加钢筋应与现浇段钢筋网交叉点全部绑扎牢固。

1）预制剪力墙板安装过程应设置底部限位装置，限位装置应不少于 2 个，间距不宜大于 4m；

2）与现浇部分连接的墙板宜先行吊装，其他宜按照外墙先行吊装的原则进行吊装；

3）构件底部应设置可调整接缝间隙和底部标高的垫块等调平装置；

4）采购灌浆套筒连接、浆锚搭接连接的夹心保温外墙板应在保温材料部位采用弹性密封材料进行封堵；

5）采用灌浆套筒连接、浆锚搭接连接的墙板需要分仓灌浆时，应采用坐浆料进行分仓；多层剪力墙采用坐浆时应均匀铺设坐浆料；坐浆料强度应满足设计要求；

6）墙板安装就位后进行墙板拼缝外附加钢筋安装，附加钢筋应与现浇段钢筋网交叉点全部绑扎牢固；

7）连接就位后其底部连接部位宜采用模板封堵；墙板底部采用坐浆时，其厚度不宜大于 20mm；

8）安装就位后应设置可调斜撑临时固定，测量预制墙板的水平位置、垂直度、高度等，通过墙底垫片、临时斜支撑进行调整；

9）墙板以轴线和轮廓线为控制线，外墙应以轴线和外轮廓线双控制。

10）预制墙板安装垂直度应以满足外墙板面垂直为主；

11）预制墙板拼缝校核与调整应以竖缝为主，横缝为辅；

12）预制墙板阳角位置相邻板的平整度校核与调整，应以阳角垂直度为基准进行调整；

13）楼板上预留的用于固定墙板临时支撑的预埋件应定位准确，预埋件的连接部位应有防污染措施（图 4-4）。

5. 叠合板预制底板安装规定

1）预制底板吊装完后应对板底接缝高度进行校核；当接缝高度不满足要求时，应将

图 4-4　预制墙板安装临时支撑

构件重新起吊，通过可调托座进行调节；

2）预制底板的接缝宽度应满足设计要求；

3）临时支撑应在后浇混凝土强度达到设计要求后方可拆除；

4）预制楼板安装前，应复核预制板构件端部和侧边的控制线，以及支撑搭设情况是否满足要求；

5）预制楼板安装应通过微调垂直支撑来控制水平标高；

6）预制楼板安装时，应保证水电预埋管、孔位置准确；

7）预制楼板吊至梁、墙上方 30～50cm 后，应调整板位置使板锚固筋与相邻钢筋错开，根据梁、墙上已放出的板边和板端控制线准确就位，板就位后调节支撑立杆，确保所有立杆全部受力；

8）预制叠合楼板按吊装顺序依次铺开，不宜间隔吊装。在混凝土浇筑前，应校正预制构件的外露钢筋，外伸预留钢筋伸入支座时，预留筋不得弯折；

9）相邻叠合楼板间拼缝及预制楼板与预制墙板位置拼缝应符合设计要求，并有防止裂缝的措施。施工集中荷载或受力较大部位应避开拼接位置（图 4-5）。

图 4-5　叠合板安装支撑

6. 预制楼梯安装规定

安装前应检查楼梯构件平面定位及标高，并宜设置调平装置；就位后，应及时调整并固定（图 4-6）。

预制构件安装工艺流程见图 4-7。

预制构件种类见图 4-8。

图 4-6　预制楼梯吊装

施工阶段	生产与施工流程	管理工作内容	阶段成果文件	管理依据文件
装配式构件准备阶段	图纸技术交底 → 构件排产计划	● 组织构件深化设计成果技术交底 ● 构件生产排产计划 ● 构件生产技术方案 ● 构件运输方案	构件厂提交资料: ● 检件排产技术书 ● 构件生产技术方案 ● 构件运输方案	
装配式构件生产阶段	构件生产巡检 → 构件出厂检验	● 场地堆放检查 ● 构件生产过程监督		● 预制构件质量出厂验收表 ● 预制构件模具验收表
装配式构件吊装阶段	构件进场检验 → 吊装过程巡检	● 检查装配式吊装场地布置 ● 联合质检预制构件 ● 联合验收构件安装 ● 装配式巡检	施工单位提交资料: ● 装配式施工组织方案 ● 预制构件吊装顺序图	● 预制构件质量进场验收表 ● 预制构件安装验收表
竣工验收阶段	竣工验收	● 装配式建筑竣工联合验收	● 装配式建筑竣工验收报告(施工总包) ● 装配式实施方案(装配式设计单位) ● 装配式评分表(装配式设计单位) ● 装配式施工图设计文件(装配式设计单位) ● 装配式设计专篇(装配式设计单位) ● 装配式回执(建设单位)	● 装配式建筑竣工验收报告

图 4-7　预制构件安装工艺全流程管控

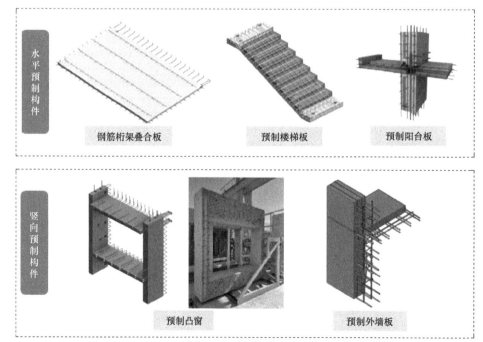

图 4-8　预制构件种类

4.2 预制构件吊装验收

4.2.1 预制构件吊装验收

　　项目部应根据装配式建筑项目特点，建立项目质量、安全、进度、成本、环保组织机构，明确各岗位人员责任和考核标准。工程总承包单位项目部应根据装配式建筑项目的规模和特点，编制施工组织设计，经工程总承包单位技术负责人批准后，并报工程监理单位和建设单位审批后实施。施工组织设计宜结合装配式建筑集成度高和湿作业少的技术特点，采取分段验收、合理穿插、精细化管理的施工组织方式。工程总承包单位项目部应针对装配式建筑项目工程中的关键工序编制专项施工方案，包括样板房实施、转换层施工、预制构件运输与堆放、预制构件安装、套筒灌浆、外防护架安拆、垂直运输、塔式起重机防碰撞、质量通病防治等专项方案以及质量问题应急处理措施，经工程总承包单位技术负责人批准后，并报监理单位审批后实施，必要时应组织专家评审。装配层施工前，工程总承包单位项目部应开展灌浆工、装配工、焊工等关键岗位作业人员培训和考核工作，合格后方可从事相关作业（图 4-9）。

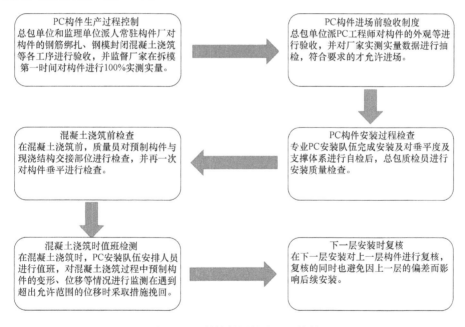

图 4-9　预制构件吊装全过程控制

　　质量管理，项目部应组织制定施工工艺流程，明确关键工序和施工质量验收标准。项目部应在施工现场制作装配式建筑工程样板房，全面反映预制构件安装、后浇混凝土连接、轻质隔墙板安装、装饰工程等施工工艺以及成型后的效果。项目部应对施工现场作业人员进行技术质量交底，实行工序交接检。项目部应对预制构件进行进场验收，合格后方可使用，且分类按方案要求堆放。预制构件安装完成后应及时组织验收，确保构件位置准确，标高和垂直度满足要求。后浇混凝土连接节点的钢筋、预制构件粗糙面和键槽、预埋件、保温拉结件、防水构造节点等应进行隐蔽工程验收。转换层施工结束，应进行质量验收，复核转换层的梁、板、柱轴线、标高、出筋位置和长度。装配式建筑工程质量验收应按《建筑工程施工质量验收统一标准》GB 50300 及相关标准的规定进行检验批、分项、分部和单位工程验收。应定期组织召开质量例会，工程总承包单位、设计单位、预制构件生产单位均应参加。

1. 预制构件吊运质量控制

每一作业区检测工作完成后，检测小组进行自检，自检合格后形成文字记录上报项目部总工，由项目部总工组织安排人员对作业区的检测工作进行复测，当复测结果符合表4-7 要求后按规定上报监理公司。

测量允许偏差及检验方法表

表 4-7

项目		允许误差（mm）	检验方法
轴线偏移	中心位置	3	钢尺检查
标高闭合	中心位置	3	水准仪、塔尺检查
建筑物垂直度	全高	1/1000 全高且不大于 30mm	钢尺检查
建筑物高度	全高	30	钢尺检查

预制楼梯与现浇梁板采用预埋件焊接连接时，应先施工梁板，后放置、焊接楼梯；采用锚固钢筋连接时，应先放置楼梯，后施工梁板。

预制梁、柱混凝土强度等级不同时，预制梁柱节点区混凝土应按强度等级高的混凝土浇筑。

混凝土浇筑应布料均衡。浇筑和振捣时，应对模板及支架进行观察和维护，发生异常情况应及时进行处理。构件接缝混凝土浇筑和振捣应采取措施防止模板、相连接构件、钢筋、预埋件及其定位件移位。

预制构件接缝处混凝土浇筑时，连接节点处混凝土应加密振捣点，并适当延长振捣时间。

构件接缝混凝土浇筑完成后可采取洒水、覆膜、喷涂养护剂等养护方式，养护时间不宜少于 14d。

2. 预制墙体安装关键工序质量控制

（1）控制轴线在竖向的传递，控制点应布设在结构的外角及特殊部位。使用激光铅直仪进行投测传递，每个流水段的控制点不得少于 3 个。

（2）楼层平面放线，应根据施工图逐层进行，确保施工测量的精度。

（3）楼层标高的导测，每次应起始于两个高程控制点，导测完成后及时校核。

（4）每件预制构件都应放出纵横控制线，并进行校核。

（5）安装起吊前应在预制墙体内侧弹竖向与水平安装线且与楼层安装位置线相符合。

（6）预制墙体墙身位置使用钢尺及红外线放线仪进行测量，保证位置准确。

（7）通过平面控制线检查下层预制墙体的套筒钢筋位置及垂直度。

（8）使用线坠、2m 靠尺等测量工具检查预制墙体垂直度。

（9）预制墙板拼缝校核以竖缝为主，垂直度以外墙板外侧面垂直为主，阳角位置相邻板平整度以阳角垂直度为主。

3. 预制楼梯、预制楼梯隔墙安装关键工序质量控制

(1) 校核楼梯安装控制线,包括内外位置线、左右位置线及标高控制线。

(2) 严格控制平台梁的轴线位移及截面尺寸,防止休息平台梁胀模。

(3) 检查吊装连接件用的螺栓是否满足要求,防止过度使用滑扣。

(4) 预制楼梯与预制楼梯隔墙板预埋铁件螺栓孔内部不应有杂物。

(5) 严禁快速猛放造成板面振折裂缝。

(6) 使用水准仪测量楼梯标高。

(7) 使用线坠、2m靠尺等测量工具检查预制楼梯隔墙板垂直度。

(8) 保证预埋钢筋锚固长度和定位符合设计要求。

4. 预制叠合板安装关键工序质量控制

(1) 校核叠合板安装控制线,包括平面位置线、方向位置线及标高控制线。

(2) 确保水电等预埋管(孔)位置准确。

(3) 应调整叠合板锚固钢筋与梁钢筋位置,不得随意弯折或切断一切钢筋。

(4) 钢筋绑扎时穿入叠合楼板上的桁架,钢筋上铁的弯钩朝向要严格控制,不得平躺。

(5) 叠合板毛面在浇筑混凝土前清理湿润,不得有油污等污染。

(6) 预制悬挑构件施工荷载不得超过设计荷载。

(7) 预制悬挑构件预留锚固筋应伸入混凝土结构内,且应与现浇结构连成整体。

5. 现浇节点关键工序质量控制

(1) 模板安装时,应保证接缝处不漏浆;木模板应浇水湿润但不应有积水;接触面和内部应清理干净、无杂物并涂刷隔离剂。

(2) 当叠合梁、叠合板现浇层混凝土强度达到设计要求时,方可拆除底模及支撑;当设计无具体要求时,同条件养护试件的混凝土立方体试件抗压强度应符合《混凝土结构工程施工质量验收规范》GB 50204规定。

(3) 构件交接处的钢筋位置应符合设计要求,并保证主要受力构件和构件中主要受力方向的钢筋位置无冲突。

(4) 预制叠合式楼板上层钢筋绑扎前,应检查格构钢筋的位置,必要时设置支撑马凳。

(5) 钢筋套筒灌浆连接、钢筋浆锚搭接连接的预留插筋位置应准确,外露长度应符合设计要求且不得弯曲;应采用可靠的保护措施,防止钢筋污染、偏移、弯曲。

(6) 钢筋中心位置存在严重偏差影响预制构件安装时,应会同设计单位制定专项处理方案,严禁切割、强行调整钢筋。

(7) 混凝土浇筑应布料均衡。构件接缝混凝土浇筑和振捣应采取措施防止模板、连接构件、钢筋、预埋件及其定位件移位。预制构件节点接缝处混凝土必须振捣密实。

(8) 混凝土浇筑完成后应采取洒水、覆膜、喷涂养护剂等养护方式,养护时间符合理计及规范要求。

4.2.2 预制构件吊装质量验收

结构实体检验应按现行国家标准《混凝土结构工程施工质量验收规范》GB 50204的

有关规定执行。装配式混凝土结构工程施工用的原材料、部品、构配件均应按检验批进行进场验收。装配混凝土结构子分部工程，检验批的划分原则上每层不少于一个检验批。检验批、分项工程、子分部工程的验收程序应符合《建筑工程施工质量验收统一标准》GB 50300 的规定。检验批、分项工程的质量验收记录应符合《混凝土结构工程施工质量验收规范》GB 50204 的规定。混凝土结构子分部工程验收时，提供的文件和记录应符合现行国家标准《混凝土结构工程施工质量验收规范》GB 50204、《装配式混凝土建筑技术标准》GB/T 51231 有关规定。

为满足装配式剪力墙结构在预制构件安装与验收阶段的位置校验需求，在结合装配式剪力墙结构施工特点后，分别在预制内、外墙、叠合板、预制阳台、预制楼梯等构件安装工序前进行二次放线，即在圈边龙骨、叠合板和现浇顶板上、内外墙预制构件上、楼梯休息平台上、楼梯间竖向墙体上，分别在预制构件安装处就水平方向及垂直方向设置位置参照线，以保证构件安装质量。

1. 吊装质量验收

（1）独立支撑及阳台支撑按照支撑方案就位后，外施队自检合格后由项目部组织人员进行检验，验收结果不合格则不允许安装。

（2）圈边龙骨根据模板方案固定就位后，外施队自检合格后由项目部组织人员进行检验，验收结果不合格则不允许安装。

（3）根据预制构件不同安装部位，设置控制线，要求叠合板控制线在墙体上弹借线，水平位置控制在墙体上弹实线；预制阳台、空调条板标高与水平位置控制线在墙体上设置，预制楼梯两侧位置控制线及标高设置在休息平台，前后方向控制线设置在墙体，在弹线完毕后要求项目部组织人员进行检验，并由监理人员进行监督。

（4）构件就位后，应先调整水平位置，再调整标高。

（5）预制阳台及空调条板的位置调整，需先对水平与墙体方向上的误差进行调整，后对构件与墙体之间的距离进行调整，选择构件上两侧的桁架筋或选择两侧吊环，利用固定螺栓将丝杆一端固定在所选择的桁架筋或吊环上，另外一端穿过外墙上部的钢筋，利用两根 48 钢管、大雁卡及紧固螺栓将丝杆固定，通过旋紧紧固螺栓，缩小构件距墙边的距离，允许误差 5mm；标高则利用阳台支撑体系中的螺杆进行调整，允许误差 5mm。

（6）预制楼梯安装就位后，利用撬棍进行位置调整，需先进行前后调整，后进行两侧左右调整，允许误差 5mm。

（7）预制墙体安装前，先利用水平仪与塔尺对预制构件安装位置进行找平，找平点根据不同墙体设置 4～6 个点，找平材料使用预埋螺杆；控制线在地面上设置，要求弹线准确并清晰可辨。

（8）利用"定位钢板"及控制线调整钢筋位置，要求钢筋位置准确，且顺直朝上。

（9）预制墙体就位后，预制墙体未摘钩前对照控制线利用测量工具对墙体位置进行检查，水平位置允许误差不超过 5mm，当误差大于 5mm 时，将预制墙体吊起并重新校验钢筋位置；在预制墙体就位拆钩后利用斜撑对墙体的垂直度进行调节，垂直度的允许误差不大于 5mm。

对每批进场验收的构件都应该复核，复核结果形成文字记录，详细地记载构件的尺寸、外观质量、配筋等情况。当复核结果符合表 4-8～表 4-10 要求后按规定上报监理公司。

预制构件预埋件质量要求和允许偏差及检验方法 表4-8

项目		允许误差（mm）	检验方法
预埋件	中心线位置	10	钢尺检查
预留孔	中心线位置	5	钢尺检查
预留洞	中心线位置	10	钢尺检查
预留钢筋	钢筋位置	5	钢尺检查
	钢筋数量	0	对照图纸
	钢筋外露长度	+10，-5	钢尺检查

预制构件外观质量及检验方法 表4-9

名称	现象	严重缺陷	一般缺陷
露筋	构件内钢筋未被混凝土包纵向受力钢筋包裹而露筋	纵向受力钢筋有露筋	其他钢筋有少量露筋
蜂窝	混凝土表面缺少水泥浆而形成石子外露	构件主要受力部位有蜂窝	其他部位有少量蜂窝
孔洞	混凝土中孔穴深度和长度均超过保护层厚度	构件主要受力部位有孔洞	其他部位有少量孔洞
夹渣	混凝土中夹有杂物且深度超过保护层厚度	构件主要受力部位有夹渣	其他部位有少量夹渣
疏松	混凝土中局部不密实	构件主要受力部位有疏松	其他部位有少量疏松
裂缝	缝隙从混凝土表面延伸至混凝土内部	构件主要受力部位有影响结构性能或使用功能的裂缝	其他部位有少量不影响结构性能或使用功能的裂缝
连接部位缺陷	构件连接处混凝土缺陷及连接钢筋、连接铁件松动	连接部位有影响结构传力性能的缺陷	连接部位有基本不影响结构传力性能的缺陷
外形缺陷	缺棱掉角、棱角不直、翘曲不平、飞出凸肋等	清水混凝土构件内有影响使用功能或装饰效果的外形缺陷	其他混凝土构件有不影响使用功能的外形缺陷
外表缺陷	构件表面麻面、掉皮、起砂、沾污等	具有重要装饰效果的清水混凝土构件有外表缺陷	其他混凝土构件有不影响使用功能的外表缺陷

注：1 现浇结构及预制构件的外观质量不应有严重缺陷。对已出现的严重质量缺陷，由施工单位提出技术处理方案，并经监理（建设）单位认可后进行处理。对经处理的部位，应全数重新检查验收。

2 现浇结构及预制构件的外观质量不宜有一般缺陷。对已经出现的一般缺陷，应由施工单位按技术处理方案进行处理，并全数重新检查验收。

预制构件外形尺寸允许偏差及检验方法 表4-10

项目		允许偏差（mm）	检验方法
长度	凸窗	±5	钢尺检查
	叠合楼板	+10，-5	
	楼梯、阳台	±5	
宽度		±5	钢尺检查
厚度		±5	钢尺量一端及中端，取其中较大值

续表

项目	允许偏差（mm）		检验方法
对角线差	叠合楼板、阳台板、凸窗	10	钢尺量两个对角戏
预埋件	中心线位置	10	钢尺检查
	钢筋位置	5	
	钢筋外露长度	+10，−5	
预留孔	中心线位置	5	钢尺检查
预留洞	中心线位置	10	钢尺检查
主筋、箍筋数量	所有预制构件	0	对照图纸检查
主筋保护好层厚度	所有预制构件	+3	钢尺或保护层厚度测定仪检查
表面平整度	凸窗	3	2m靠尺和塞尺检查
侧向弯曲	叠合楼板、阳台板	$L/750$ 且$\leqslant$20	拉线、钢尺量最大侧向弯曲处
	凸窗	$L/1000$ 且$\leqslant$15	

注：1 当采用计数检验时，除有专门要求外，合格点率应达到80%及以上，且不得有严重缺陷，可以评定为合格。

2 L 为模具与混凝土接触面中最长边的尺寸。

2. 预制构件拼缝施工验收

（1）预制混凝土外墙板接缝密封防水工程施工后，除应按现行行业标准《装配式混凝土结构技术规程》JGJ 1、现行北京市地方标准《装配式混凝土结构工程施工与质量验收规程》DB11/T 1030 的有关规定提供资料外，尚应提供如下资料：

1）接缝密封防水构造图，设计变更及洽商记录等；密封防水施工专业资质证书，操作人员的培训合格证明；

2）接缝密封防水工程施工方案及技术、安全交底；材料抽样复检合格报告；

3）现场施工记录；隐蔽工程验收记录；分项工程验收记录。

（2）密封胶进场复验项目应包括下垂度、表干时间、挤出性、适用期、弹性恢复率、拉伸模量、质量损失率。预制混凝土外墙板接缝密封防水分项工程宜每层作为一个检验批。预制外墙板接缝密封防水质量验收应符合下列规定：

1）所用密封胶及主要配套材料应符合设计要求和规程的规定。检查出厂合格证、质量检验报告、现场抽检复验报告。

2）橡胶空心气密条安装应符合设计要求和规程的规定。观察检查和检查隐蔽工程验收记录。

3）接缝宽度应符合 设计要求；尺量检查。

4）固化后的密封胶表面应顺滑平整，厚度均匀并符合设计要求，与基层粘结牢固。检验方法：观察检查和检查隐蔽工程验收记录。

（3）导水管安装符合设计要求及规程的规定。检验方法：观察检查和检查隐蔽工程验收记录。

（4）完成的接缝不得有渗透现象。检验方法：雨后观察或淋水检验。淋水检验应符合现行行业标准《建筑防水工程现场检测技术规范》JGJ/T 299 的规定。

3. 预制构件防水节点质量验收

（1）预制构件拼缝处防水材料应符合设计要求，并具有合格证及检测报告，必要时提供防水密闭材料进场复试报告。

（2）预制构件拼缝防水节点基层应符合设计要求。

（3）在 PC 外墙水平接缝处后期打胶时，胶缝应横平竖直、饱满、密实、连续、均匀、无气泡，宽度与深度均应符合设计要求。

（4）预制构件拼缝放水节点空腔排水构造应符合设计要求。

（5）为保证外墙板接缝处防水性能符合设计要求，每 $1000m^2$ 外墙面积划分为一个检验批，不足 $1000m^2$ 时也划分为一个检验批；每个检验批每 $100m^2$ 抽查一处进行现场淋水试验，且试验面积不小于 $10m^2$。

4.3 常见质量问题与剖析

4.3.1 常见问题剖析

装配式建筑全过程与常见质量问题见图 4-10。

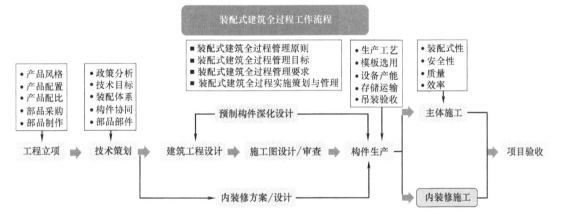

图 4-10 装配式建筑全过程与常见质量问题

1. 一般问题剖析与防治措施

（1）预制构件进场验收质量证明资料不齐

1）预制构件进场需提供质量证明资料信息不齐全；

2）预制构件进场需提供质量证明资料格式不正确或不统一；

3）预制构件进场时应附有哪些资料文件的相关规定不明确；

4）根据行业标准、地方规定、企业制度等，明确预制构件进场应提供的质量证明相关资料；

5）质量证明资料缺少不齐的不予以进场验收。

（2）预制构件现场堆放问题（图4-11）

图 4-11　预制构件现场堆场问题

1）预制构件随意堆放，水平预制构件叠放支点位置不合理，导致构件开裂损坏。

2）堆放架刚度不足且未固定牢靠，导致构件倾倒。

3）预制构件堆放距离过近，预制构件之间成品保护措施设置不当，使得构件以及伸出钢筋相互碰撞而破损。

4）施工现场预制构件堆放场地未硬化，周围没有设置隔离围栏。

5）预制构件堆放顺序未考虑吊装顺序，多次翻找影响效率。

6）叠合楼板堆放支点垫块未上下对齐，且未设置软垫。

7）应根据预制构件类型有针对性地制定现场堆放方案。一般竖向构件采用立放，水平构件采用叠放，应明确堆放架体形式以及叠放层数。

8）堆放架应具有足够的强度、刚度和稳定性，以及满足抗倾覆要求并进行验算。

9）构件堆垛之间应空出宽度不小于0.6m的通道。钢架与构件之间应衬垫软质材料以免磕碰损坏构件。

10）构件堆放场地应平整、硬化，满足承载要求，堆场周围应设置隔离围栏，悬挂标识标牌。堆场面积宜满足一个楼层构件数量的存放。当构件堆场位于地下室顶板上部时，应对顶板的承载力进行验算，不足时需考虑顶板支撑加固措施。

11）预制构件堆放位置及顺序应考虑供货计划和吊装顺序，按照先吊装的竖向构件放置外侧、先吊装的水平构件放置上层的原则进行合理放置。当场地受限时也可直接从运输车上起吊构件，对车上构件堆放顺序也需进行提前策划。

12）叠合楼板下部搁置点位置宜与设计吊点位置保持一致。预应力水平构件如预应力双T板、预应力空心板堆放时，应根据构件起拱位置放置层间垫块，一般在构件端部放置独立垫块（图4-12）。

图 4-12　叠合板存放位置

（3）预制构件吊点设置不合理

1）设计将吊点设置于箍筋加密区位置，吊点与箍筋发生碰撞。

2）设计将吊点设置在构件受力薄弱部位，缺少相应受力验算。

3）尽量避免将吊点布置在箍筋加密区。当无法避免时，应充分考虑现场施工条件，合理选择吊具。

4）吊点宜尽量避开薄弱部位设置，当无法避免时，应补充相应受力验算，并采取有效加强措施。

（4）叠合楼板现浇层管线布置困难或板面钢筋保护层不足

1）机电点位设置过于集中，导致楼板现浇层内管线局部汇集，发生管线两层甚至三层交叉的情况。

2）预制钢筋桁架叠合楼板阳角附加筋仍按现浇设计思路采用放射状的布置方式，导致钢筋重叠，板面钢筋保护层厚度不足。

3）桁架筋高度设计有误，未考虑桁架钢筋与板面钢筋的交织关系，导致板面筋桁架筋下净空不足。

4）深化设计未对现场钢筋敷设顺序提出要求，如图 4-13 所示，板面双向钢筋均布置于桁架上弦筋之上，导致现场板面钢筋保护层厚度不足或现浇层偏厚的情况发生。

5）机电设计时，点位应分散布置，减少管线交叉。当管线两层交叉时，现浇层厚度不宜小于 80mm。公共部位等管线较集中区域楼板宜采用现浇。

6）预制钢筋桁架叠合楼板现浇层内阳角附加筋宜采用正交方式，且与负筋同向同层布置。

7）预制钢筋桁架叠合楼板现浇层厚度应考虑现场钢筋放置顺序，以桁架筋作为楼板双层面筋的马凳筋时，现浇层厚度不宜小于 90mm。

8）有条件的情况下建议采用管线与主体结构分离的技术。

9）施工单位应考虑钢筋排布、管线布设的顺序，管线布置应事先绘制排布图，避免现场随意布设。

（5）预制构件安装偏差超出允许范围

1）水平预制构件下部支撑的标高控制不当。楼板底部采用满堂钢管扣件脚手架支撑，传统木楔作为调整标高手段，微调精度差、易变形。

设计位置　　　　　　　　　　　　　　施工位置

图 4-13　叠合板钢筋管线布设布置

2）预制阳台等非对称构件安装后竖向标高及水平限位均控制不当。预制非对称构件形状较为复杂，且构件较重不易调整，下部支撑方案及支撑位置较为讲究，施工单位普遍未予以重视。

3）预制墙板构件安装后垂直度偏差较大，相邻构件拼缝不齐。

4）预制构件安装时偏差在允许范围内，但后续工种作业对已安装完成构件产生扰动。

5）预制水平构件安装时下部支撑应采用带有标高微调功能的支撑件，比如专用独立钢管支架或者传统钢管加旋转顶托。

6）预制阳台等非对称构件安装时，宜根据重心位置设置支撑系统，防止构件向外滑移或倾覆。

7）预制墙板构件安装时应先根据测量标高放置下部垫块，垫块宜采用多种厚度规格的钢板。墙板垂直度调整应与测量同时进行，边调边测，条件允许时可采用测控一体化专用工具。墙板安装后应对相邻构件平整度进行复核，保证偏差在允许范围内。预制构件安装累积误差应满足规范要求，而非仅测量单一楼层单一构件。

8）混凝土浇筑前应对已安装预制构件精度进行复核（图 4-14）。

图 4-14　预制构件安装精度

（6）预制构件临时斜撑杆及配件样式繁多，规格不匹配

1）各施工单位根据自身习惯使用不同的斜撑形式，而施工单位介入时往往设计已完成，有时构件也已生产，就会产生施工方式不适应或施工单位自配的斜撑杆与预制墙板预埋件不匹配的情况发生。施工单位有时会对已有产品进行简易改造，如斜撑杆切割变短或

焊接加长等，质量难以保证。

2）接驳连接金属件未按照设计图纸加工制作，随意变更，如金属环钩直径变细、环钩横筋无故取消等，使得斜撑杆未起到应有作用，导致预制墙板走位偏移。

3）施工单位应事先熟读设计图纸，了解预制构件特点及设计意图，配置适合工程要求的斜撑形式及预埋件，不应对成品支撑杆件随意改造。

4）当设计图纸有明确配件形式要求时，应严格按图纸选购或加工配件，在预埋配件时应与设计要求的材料、位置、做法相符。如设计无要求时，施工单位应提前对支撑系统及预埋件进行策划，并提资给深化设计单位（图4-15）。

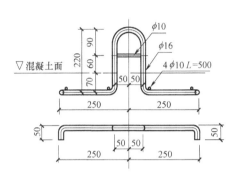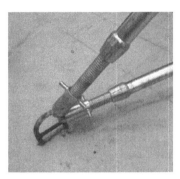

图4-15　支撑系统与预埋件

4.3.2　项目前期、设计、安装问题剖析

1. 项目前期策划协同问题（表4-11）

项目前期策划协同问题　　　　　　　　　　　　　　　　　　表4-11

问题编号01	未进行装配式建筑方案设计前期技术策划或策划方案不合理
原因分析	未进行前期技术策划；对产业配套、场地自身及周边情况了解不足，或装配式建筑方案在设计阶段介入时间过晚
影响及后果	1）项目周边预制构件生产企业排产情况了解不足，运输距离不在合理的范围内； 2）场地高差、路线限高（限宽）等原因造成预制构件无法运输到项目现场； 3）场地周边环境对塔式起重机设置限制过大，造成塔式起重机的覆盖范围或吊重无法满足预制构件安装要求
规范标准相关规定	《装配式混凝土建筑技术标准》GB/T 51231—2016 3.0.8 装配式混凝土建筑应进行技术策划，对技术选型、技术经济可行性和可建造性进行评估，并应科学合理地确定建造目标与技术实施方案
防治措施	1）对项目周边的产能和生产线可生产的预制构件类型进行调研分析，确定设计方案中的预制构件类型； 2）充分考察项目及周边场地情况，实地调研预制构件厂到项目现场的运输路线情况； 3）结合项目总图和周边情况，合理分析塔式起重机设置，确保预制构件可吊装
问题编号02	户型标准化或预制构件标准化程度较低
原因分析	1）建筑方案前期未考虑装配式建筑特点； 2）户型设计或立面设计过于复杂； 3）对标准化设计和成本控制考虑不足
影响及后果	户型和预制构件种类过多，影响建造工期，加大项目管理难度，增加建造成本

规范标准 相关规定	《装配式混凝土建筑结构技术规程》DBJ 15-107-2016 3.0.2 装配式建筑设计应遵循少规格、多组合、标准化的原则
防治措施	1)项目方案阶段应考虑装配式建筑设计； 2)减少户型和预制构件种类，做到"少规格、多组合"； 3)重视标准化设计理念，单个项目数量少于 50 个的预制构件需慎重选择
问题编号 03	预制构件类型选择不合理，未综合考虑后期安装工艺
原因分析	1)缺乏标准化设计概念，装配式建筑方案设计时预制构件选型不合理； 2)预制构件的选择仅考虑满足相关政策及文件的要求，缺乏系统性； 3)不了解预制构件生产及安装工艺，构造节点设计不合理
影响及后果	土建成本增量加大，预制构件现场安装困难，未达到装配式建筑预期，甚至可能影响结构安全或建筑性能
规范标准 相关规定	《装配式混凝土建筑设计文件编制深度标准》T/BIAS 4—2019 3.1.1 装配式建筑方案宜进行标准化设计，预制构件布置方案应合理，设计内容应满足国家标准、行业标准以及地方相关规定、要求
防治措施	1)重视标准化设计，选择合适的预制构件类型； 2)预制构件方案选择应"重体系、轻构件"，应选择合适的预制部位； 3)构造节点设计应满足规范和概念设计要求，便于生产和施工
问题编号 04	建筑方案设计阶段装配式设计未介入，导致后期装配式方案难以实施
原因分析	1)建筑方案设计团队不熟悉当地装配式政策要求，未考虑装配式实施方案。 2)方案规划高度超过装配式建筑允许高度，抗震超限项目前期结构方案存在薄弱部位不适合采用装配式构件，超限审查未与审查专家沟通，不适合采用装配式构件部位未在审查意见中明确提出
影响及后果	装配式实施方案比较被动
规范标准 相关规定	深圳相关的政策
防治措施	1)方案设计阶段装配式设计团队应介入配合，并熟悉了解当地政策。 2)结构方案确定时应综合考虑装配式实施方案，并在超限审查阶段将装配式构件相关要求落实到超限审查意见中

2. 装配式建筑设计常见问题 (表 4-12)

装配式建筑设计常见问题 表 4-12

问题编号 05	主体结构施工图设计计算参数及荷载未考虑预制构件的影响
原因分析	装配式结构的部分条件考虑不全，导致主体结构(尤其是基础)存在安全隐患，或造成后续大量的修复复核工作。装配式结构中的预制构件对主体结构的刚度、自振周期、支撑、受力变化，以及地震反应等具有一定影响，在主体结构进行设计计算，以及施工图设计中需要进行考虑
应对措施	1)施工图设计应与装配式设计同步配合，考虑装配式构件对主体结构荷载、刚度等参数的影响。 2)预制外墙对主体结构具有约束作用，使得结构刚度增加，自振周期变短，在进行结构模型计算时，需要选取合适的周期折减系数，并且将预制外墙的质量计入参与结构地震反应。 3)预制楼梯具有斜撑的受力作用，在模型计算分析时需要进行考虑。 4)预制阳台不考虑对主体结构刚度的影响，但是需要计入质量参与结构地震反应

问题编号 06	现浇构件与预制构件间存在高差或错位,影响建筑外观和空间
问题配图	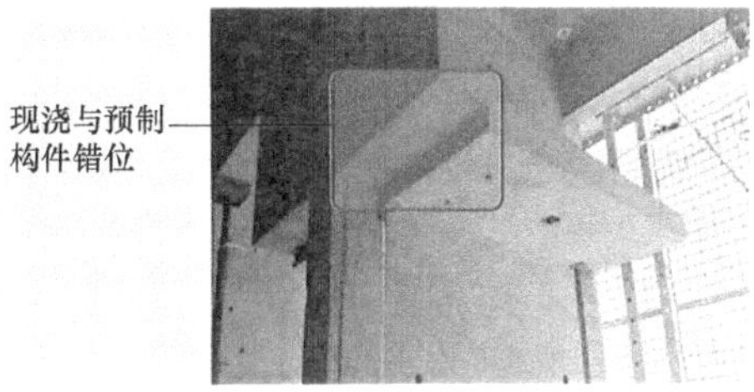
原因分析	在结构施工图设计中未考虑现浇结构与预制构件的位置和连接关系,忽略了现浇层与预制构件交接的过渡区域节点设计。在施工时,由于预留的现浇结构与预制构件连接的过渡区不合理,导致预制构件安装不精确或者安装困难,从而造成了现浇构件与预制构件间存在高差或错位
应对措施	1)加强主体设计、构件深化设计与铝模设计的配合,重点或复杂部位增加大样表达。 　　2)设计应提前考虑现浇结构与预制构件交接位置的细节处理,应在施工图中给出详细的现浇层与预制构件层交接位置过渡区域的节点做法,并且在连接部位预留合适的过渡区域尺寸,保证预制混凝土构件能够正常顺利安装施工
问题编号 07	预制外墙板(凸窗、下挂板)与外围现浇主体结构交接处,结构模板平面图没有表达现浇构造柱,造成现场施工现浇构造柱缺失,以及预制外墙板与主体结构的连接出现问题
问题配图	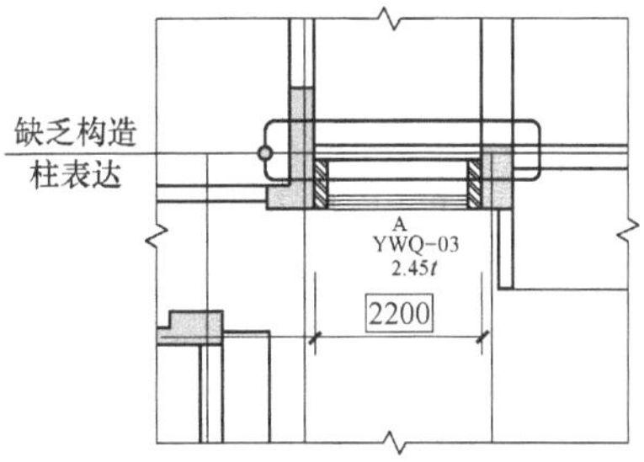
原因分析	预制外墙板与外围现浇主体结构交接处,需要通过现浇构造柱进行连接。由于设计人员忽视结构模板平面图中预制外墙板与现浇主体结构的连接方式,对预制外墙板与现浇主体结构连接的节点构造不熟悉,导致在图中未表达现浇构造柱
应对措施	1)结构模板平面图中增加表达预制构件与主体连接水平节点,注意外围护墙体现浇构造柱设置情况。 　　2)对结构模板平面图中预制外墙板与外围现浇主体结构交接处设置现浇构造柱的情况及时进行校对和补充
问题编号 08	次梁布置时尽量保持左右两块板尺寸平均,避免拆分叠合板时增加构件种类
原因分析	在装配式建筑叠合楼板的设计中,叠合楼板的构件种类应尽量少,以方便预制构件的批量化生产,以及叠合楼板的拆分设计。由于结构设计人员对叠合板拆分原则不了解,不能很好地控制拆分叠合板的构件尺寸,会导致叠合板构件种类增多,给装配式结构叠合楼板的设计,以及构件的生产和施工带来一定麻烦
应对措施	1)将次梁居中布置,使得次梁左右两侧的叠合板尺寸一致,减少拆分叠合板的构件尺寸种类。 　　2)整体结构平面布置应规则,开间和进深尺寸尽量统一,符合叠合楼板构件标准化生产和布置的要求

续表

措施配图	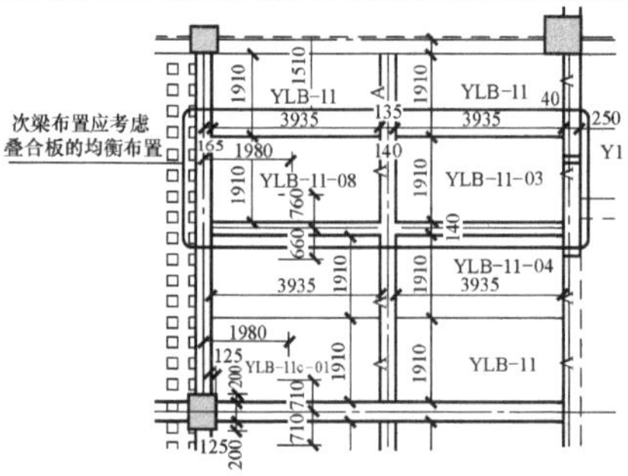
问题编号 09	构件详图中配筋图标记钢筋与钢筋明细表不一致
问题配图	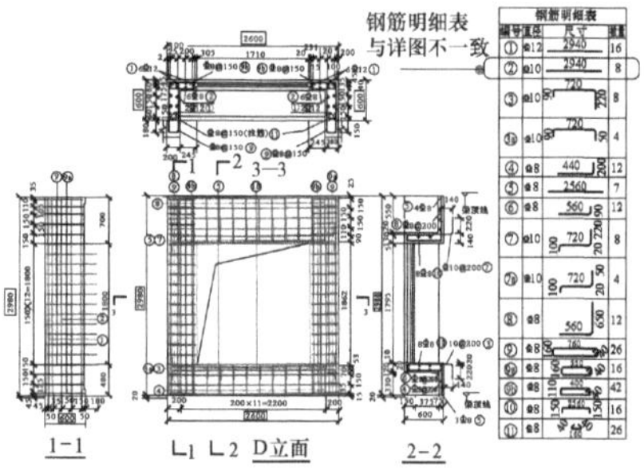
原因分析	由于设计人员失误,将预制构件主受力钢筋在配筋表中标识过小,导致构件的承载力不足,具有安全隐患
应对措施	1)复核主体施工图配筋及构件配筋详图,尤其主要复核受力钢筋配筋,避免钢筋在图中标记和明细表中不一致。 2)设计人员应及时校对和修改图纸的错误,避免产生设计问题。 3)采用新的技术手段,如自动成图技术
问题编号 10	剪刀梯按预制梯段设计时,未考虑梯段间隔墙的做法及荷载
问题配图	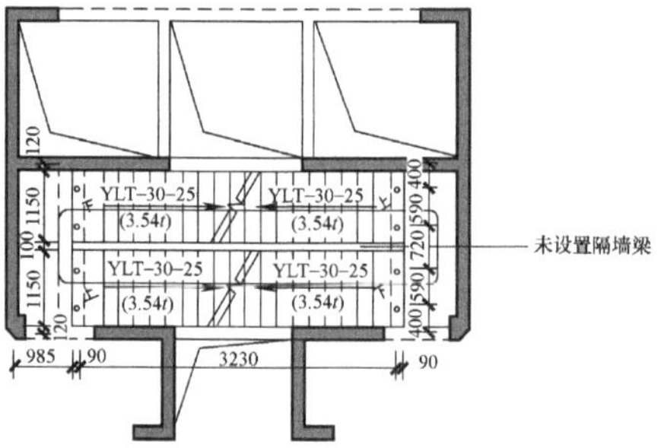
原因分析	在楼梯结构剖面图中简单地把楼梯进行交叉并列布置表示,没有表达出梯段间的隔墙,而深化设计人员仅关注预制梯段,从而忽略了梯段间隔墙在结构上的安装做法,以及隔墙荷载对楼梯结构的作用
应对措施	梯段做成等宽,楼层设计隔墙梁,隔墙安装在隔墙梁上。主体结构平面图中应示意出楼梯及隔墙梁的看线,并且考虑隔墙荷载对隔墙梁进行设计和计算
问题编号 11	预制楼梯到顶层屋面,其预制楼梯的牛腿按照通常设计,导致无楼梯段的平台标高有差异,建筑需要二次回填,且不好施工

问题配图	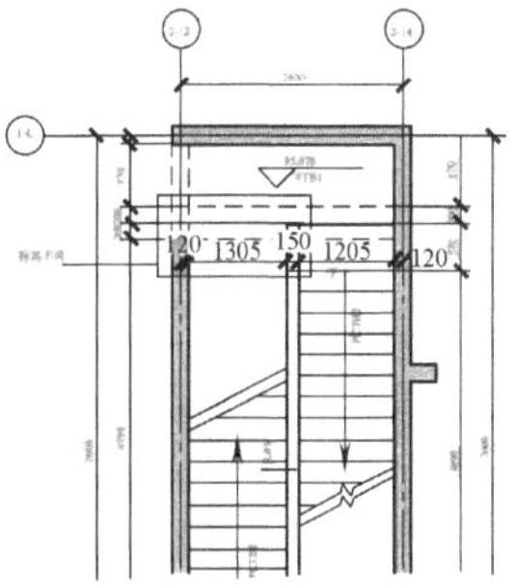
原因分析	1)设计人员对预制楼梯与现浇结构的交接处及周边相关区域的处理不当,或者是考虑不周。 2)设计人员忽略了在顶层屋面的楼梯平台只有向下的一跑楼梯,另一侧无楼梯梯段,与其他标准层楼梯平台的梯段布置不同,从而导致了在顶层平台的预制楼梯段与楼梯平台连接的不合理
应对措施	1)无预制楼梯搭设那一段平台按照常规现浇板同平台标高伸出梁边至建筑边界即可。 2)应对预制楼梯与现浇结构的交接处进行考虑和处理,注意预制结构与现浇结构连接合理,避免出现高差,在施工图中应给出连接节点的大样图
问题编号 12	钢筋混凝土结构体系中水平构件采用钢筋桁架楼承板,节点未采用合理 措施防止漏浆,导致现场出现较多漏浆问题
原因分析	钢筋桁架楼承板与钢结构体系比较配套,用在钢筋混凝土结构体系上的经验并不多,导致桁架底部与梁和墙交接处的做法没有标准的节点做法可参考,当处理不好时极易出现漏浆
应对措施	需要对钢筋桁架楼承板连接部位做专门论证,给出防漏浆的措施
措施配图	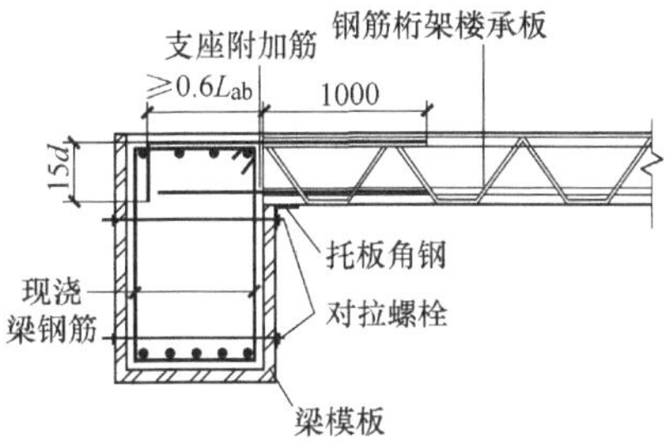
问题编号 13	采用预制构件后,建筑、结构专业的施工图纸未反映预制构件相关内容
问题配图	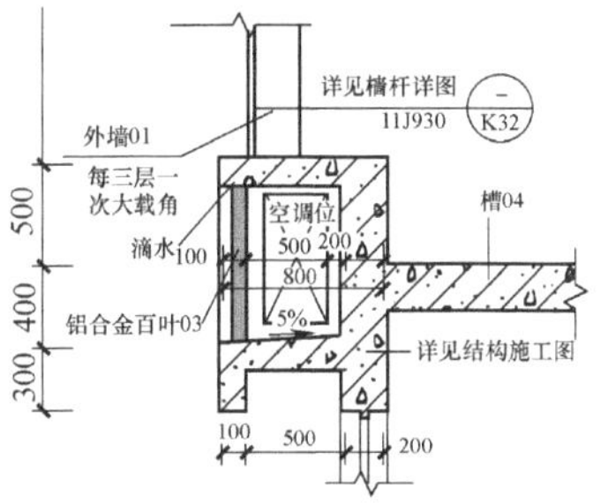
原因分析	此处建筑墙身大样是现浇凸窗的做法,未正确反映采用预制凸窗后的做法。设计人员对预制构件在施工图上的表达不清晰

应对措施	1)正确反映采用预制凸窗后的做法,与预制方案一致。 2)预制构件在施工图纸上的表示方法应符合相应装配式建筑或装配式混凝土结构的设计规范和设计图集
问题编号14	户内强、弱电箱设置于预制墙体上,若为内隔墙则需要在隔墙上大量开槽留洞,导致预制内隔墙开裂
原因分析	1)户内强、弱电箱尺寸较大,出管数量多且集中,而预制外墙均为受力构件,钢筋密集,造成构件模具难以制作,构件良品率低。 2)预制内隔墙较多以600mm宽为模数,而强、弱电箱尺寸一般大于400mm宽,开槽留洞导致预制内隔墙板极易开裂
应对措施	1)建议尽量避免将户内强、弱电箱设置于预制内隔墙墙板上。 2)设置户内强、弱电箱的墙体可改为构造混凝土墙体
措施配图	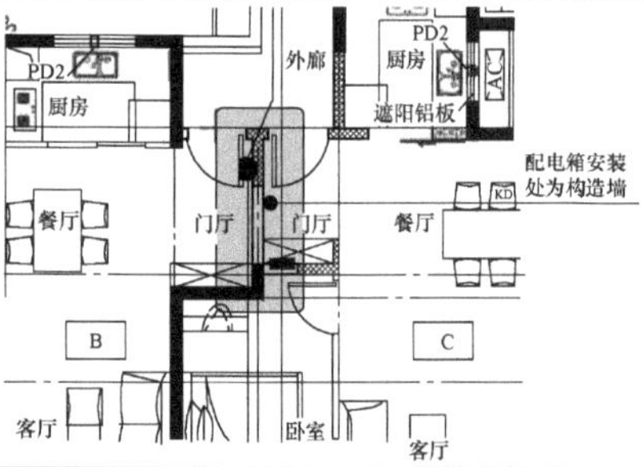
问题编号15	预制外墙板深化设计时,未按规范要求在墙板上预留孔洞、孔槽和预埋件等信息及支座键槽等细部尺寸,导致预制构件现场安装完成后,需要进一步施工时,才发现未预留垂直预制外墙板方向的梁支座位置,导致现场在预制外墙上开凿,对预制构件安全性有影响
问题配图	
原因分析	根据《装配式混凝土建筑深化设计技术规程》DBJ/T 15-155-2019第4章规定,预制外墙板加工图应表达处外墙外观尺寸、洞口、线条、企口、支座键槽等细部尺寸,墙板上预留孔洞、孔槽和预埋件等信息。该预制外墙板因构件深化人员在构件深化设计时粗心大意,结构设计人员也未细心进行复核加工图纸,导致预制构件现场安装完成后,需要进一步施工时,才发现未预留垂直预制外墙板方向的梁支座位置
应对措施	结构设计人员重新对构件开洞进行构件验算,复核构件安全性并出具开凿部位的加固补强措施方案,施工人员现场在预制外墙板上开凿,并同时进行加固补强措施
问题编号16	预制凸窗上下口或其他凸出外墙构件未设置滴水线和排水坡,不能有效防止雨水内返
问题配图	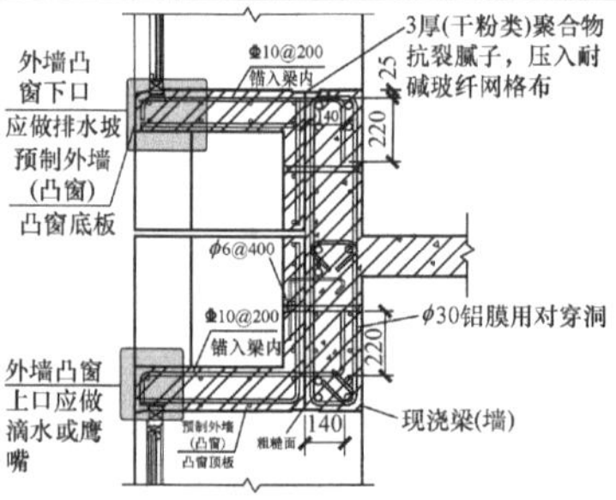

原因分析	传统外窗上下口滴水和斜坡构造通常用抹灰层来完成构造,预制混凝土外墙构件或铝模现浇构件不需要抹灰,如果设计未予考虑,构件生产完成后很难补救
应对措施	1)在预制构件详图设计中完成细节设计。 2)对于外墙现浇凸出构件,对铝模设计提出要求
问题编号 17	预制外窗安装采用企口式设计,洞口每边预留安装尺寸超过 10mm, 缝隙较大,密封胶填缝过宽,不能保证防水质量,需填塞砂浆后打胶
问题配图	
原因分析	设计人员按传统外墙抹灰预留外窗安装尺寸每边为 20mm,而预制企口的安装尺寸预留 2～5mm 即可,缝隙过大带来填塞砂浆的湿作业,不但影响防水质量,外观效果也难以保证
应对措施	采用预埋副框或预留企口设计方式时,门窗安装尺寸宜预留 2～5mm,以确保安装后的防水效果
问题编号 18	预制构件与现浇部位连接处未设计抗剪槽或粗糙面,造成受剪承载力 不满足规范要求,给结构安全留下永久性隐患
问题配图	
原因分析	根据《装配式混凝土结构技术规程》JGJ 1—2014 第 6.5.5 条要求,预制构件与后浇混凝土、灌浆料、坐浆材料的结合面应设置粗糙面抗剪槽,并符合相应规定,来满足预制构件与现浇混凝土结构的连接设计要求和接缝的抗剪承载力的要求。预制构件与现浇部位连接处未设计抗剪槽或粗糙面,影响结合面混凝土结构的受力性能,不能够满足接缝的抗剪设计要求,存在结构安全隐患,结合面可能产生收缩裂缝,甚至开裂渗漏
应对措施	1)需在现浇叠合区域附加抗剪钢筋或者在预制层设置粗糙面和抗剪凹槽,并通过验算满足构件抗剪要求。 2)深化设计图纸应该详细表达预制构件的抗剪槽或注明粗糙面做法,并对构件厂进行技术交底,确保预制构件的连接设计和接缝的受剪承载力满足规范要求
问题编号 19	深化设计未整体考虑构件受力情况,忽视竖向构件对水平构件的支座影响
问题配图	

原因分析	深化设计与主体设计缺少配合,不清楚预制内隔墙的安装时间对叠合板实际受力情况的影响,导致忽略了竖向构件对预制楼板的支座影响
应对措施	1)深化设计时应该了解预制内隔墙的安装时间和水平构件受力情况,深化图纸应经主体设计师复核确认,应考虑竖向构件对叠合板的支座影响。 2)预制内隔墙考虑二次安装,避免和主体同时施工
问题编号 20	凸窗距现浇剪力墙偏小,宽度不大于 300mm,造成拆模困难
问题配图	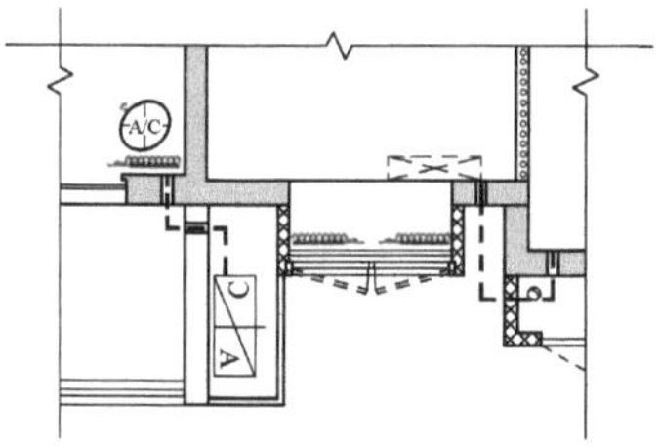
原因分析	由于设计人员对现浇构件铝模组装节点施工方式欠缺考虑,造成现浇剪力墙与预制凸窗之间的距离设计过小,在现场模板的安装和拆除比较困难
应对措施	1)协调调整建筑方案,设计凸窗边齐现浇剪力墙边,避免出现小空间。 2)设计时应考虑现浇构件铝模组装节点施工方式,在现浇剪力墙与预制凸窗之间预留足够的模板施工空间
问题编号 21	预制楼梯起吊时崩角
问题配图	
原因分析	预制梯段板设计时未考虑起吊补强措施,导致预制楼梯梯段板在起吊时,吊点的踏步混凝土出现了应力集中而产生崩角破坏的情况
应对措施	在起吊点处设置吊点补强钢筋来承受预制梯段 板在起吊时吊点位置的拉应力,防止踏步混凝土崩坏
措施配图	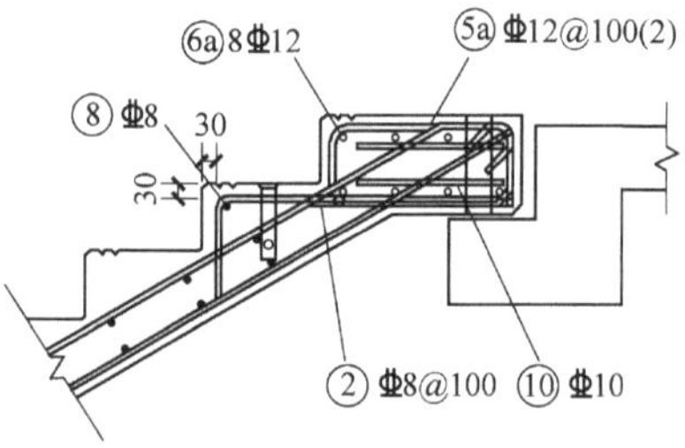

问题编号 22	预制构件吊点与构件重心不重合,吊装时构件偏转,无法安装
问题配图	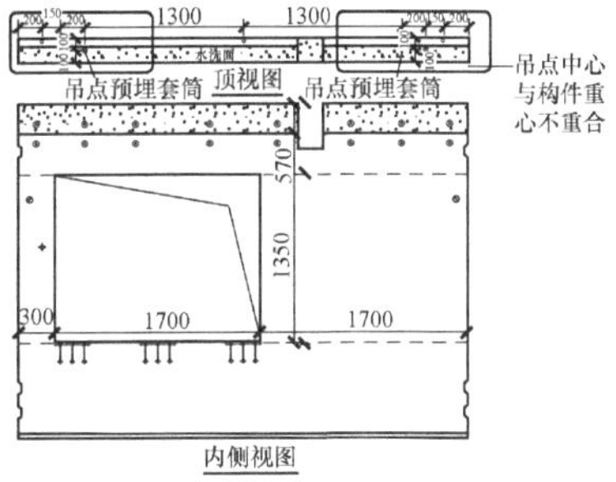
原因分析	对于形状不规则的构件,设计师设计时未考虑构件重心与吊点的关系,没有找到合适的预制构件吊点位置,导致吊装预制构件时,构件的方向与安装方向不一致,造成预制构件安装困难
应对措施	对于形状不规则的构件,应计算出构件的重心,设计时应尽量使构件重心与吊点形心重合,必要时可增加辅助平衡用的吊点
问题编号 23	叠合板桁架筋高度偏高,导致现场铺设面筋后,板厚超高
问题配图	
原因分析	深化设计人员未考虑叠合板现浇层面筋的铺设顺序,现场施工时局部出现两层甚至三层板面钢筋。没有结合叠合板的设计厚度合理选用合适高度的桁架钢筋
应对措施	1)深化设计时注明板面钢筋的铺设和安装顺序。 2)应根据设置的叠合板厚度合理地选用桁架钢筋的高度
问题编号 24	预制构件平面布置图及构件详图中未注明构件的安装方向, 现场安装时装反了才发现问题,只能吊起重新安装
问题配图	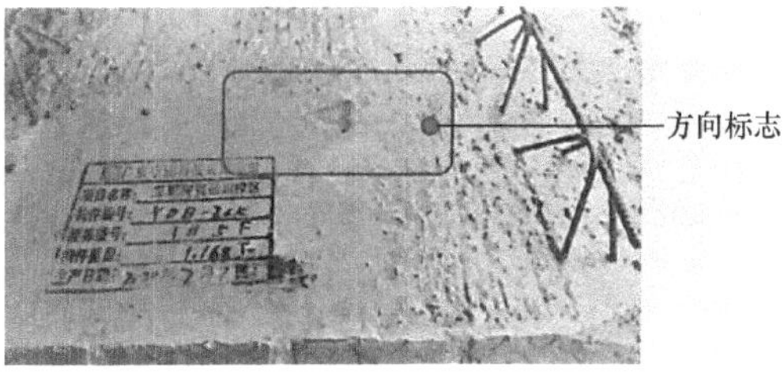
原因分析	深化设计应关注构件的安装方向,特别是叠合板、预制外墙板等外观上不易分清方向的构件,实际其外伸钢筋、预埋管线、留洞都是有方向性的
应对措施	预制构件平面布置图及构件详图中均应注明构件的安装方向,构件厂生产时,应按设计要求在构件上做出明显的安装方向标志

问题编号 25	叠合板配筋时,大跨叠合板无梁隔墙处未设置板底加强筋
问题配图	
原因分析	叠合板深化设计时,未做隔墙检查,导致在进行叠合板配筋计算时,没有考虑叠合板上隔墙的荷载,缺少板底加强钢筋的计算和设计,带来安全隐患
应对措施	1)叠合板配筋完成后,应套入建筑平面图做隔墙检查。 2)叠合板的设计应考虑板上隔墙的荷载,在隔墙位置处相应设计和计算板底加强筋,确保叠合板的承载力满足设计要求
问题编号 26	墙柱变截面时,预制构件(特别是叠合板)的尺寸未相应调整
问题配图	
原因分析	构件深化设计时,未考虑墙柱变截面对预制构件在主体结构上的连接节点,以及预制构件尺寸的影响
应对措施	当主体结构存在变截面时,深化设计人员应与主体结构设计人员协商,尽量让变截面的方向不影响预制构件的尺寸;无法避免时,预制构件要做相应的尺寸、钢筋长度的调整
问题编号 27	预制构件深化设计时,未合理设置粗糙面
问题配图	
原因分析	预制构件与主体结构连接的交界面,按规范要求要设置粗糙面来提高预制构件与主体结构连接性能和接缝的抗剪强度,但根据构件连接的受力情况及生产工艺,不同的粗糙面有不同的做法,设计上未考虑时,可能造成生产困难或质量缺陷
应对措施	预制构件在深化设计时,应与构件生产单位沟通,并结合构件受力情况,合理选择粗糙面的做法及要求,必要时可采用抗剪槽、花纹钢板面或专用成型模具来替代

问题编号 28	住宅洗手间外墙板做预制构件防水处理,传统设计要求卫生间四周做反坎保证防水效果。如果卫生间外侧墙板采用预制外墙板时。如果要保证反坎设计,底部会有较大企口,企口造型不便于铝模施工且后期成品质量难以保证。但如果保证反坎设计,在卫生间室内一侧会有打胶缝,对后期室内装修产生影响,降低卫生间品质
问题配图	
原因分析	1)卫生间处外墙容易渗水漏水,传统设计在卫生间四周做反坎来保证防水效果。当卫生间外侧外墙采用预制外墙板时,预制外墙板与底部现浇部分连接时需要设计企口来保证外墙密闭性,达到防水效果。 2)如果在采用预制外墙板时,同时设计反坎,反坎不便于铝膜施工,同时室内一侧会有打胶缝,降低室内品质
应对措施	1)卫生间部位不采用预制墙板。 2)设置后浇混凝土反坎
问题编号 29	钢筋桁架楼承板配筋偏大
问题配图	
原因分析	采用钢筋桁架楼承板可以减少现场钢筋绑扎工作及模板工序,但是本身用钢量比现浇楼板增加较大。原因在于: 1)钢筋桁架楼承板须能承受施工荷载,其跨度往往由施工工况下的挠度控制。 2)厂家提供的板跨度限值较为保守。 3)钢筋桁架楼承板规格较为固定,上下弦钢筋间距及配筋方案无法灵活更改,因此在现浇配筋面积与桁架规格相差较大时,为满足等同现浇配筋面积,只能选择更大的桁架规格
应对措施	1)根据桁架规格及施工荷载,自行计算跨度限值。 2)和现浇结构设计部门紧密配合,调整次梁间距和配筋方案,便于选择适宜的桁架规格
问题编号 30	剪刀楼梯间在设计阶段未充分考虑预制楼梯厚度及重量,后期因结构计算无法满足要求,预制楼梯再进行拆分,同一楼梯梯段拆分成两个,预制楼梯梯段中间出现拼缝,拼缝处建筑面层易开裂且影响建筑品质
问题配图	

续表

原因分析	1)预制楼梯重量过大,无法起吊,迫使构件设计将一个楼梯梯段拆分为两段,分别吊装。 2)由于两段楼梯之间采用干式连接,无现浇部分,接缝处建筑面层易开裂
应对措施	1)装配式策划阶段,设计与施工须同步统筹考虑,根据预制构件重量选择合适塔式起重机。 2)对预制楼梯梯段构件采用减重设计措施,如内嵌减重块,满足塔式起重机起吊要求
问题编号 31	内走廊的窗顶设置了滴水或鹰嘴
问题配图	
原因分析	由于设计人员未考虑窗户的具体位置及实际情况,对内走廊处窗户进行滴水线的处理,或构件生产错误
应对措施	1)设计人员进行深化设计时应仔细检查各类构件的具体位置及功能需求,及时对预制加工厂交底。 2)如不慎将滴水线做在无水位置,应在施工现场进行二次加工,将滴水槽进行处理并抹平
问题编号 32	设计的预制构件过大、过重或过于复杂,预制构件较难生产、运输、吊装,严重影响工期和成本
问题配图	
原因分析	混凝土预制构件的构件拆分缺乏经验,未考虑生产、运输、吊装等后续工种
应对措施	装配式构件拆分应考虑生产、运输、吊装等因素,预制构件的拆分设计应能满足工业化生产和现场施工的便捷性
问题编号 33	镜像构件采用了同编号,未进行编号区分
问题配图	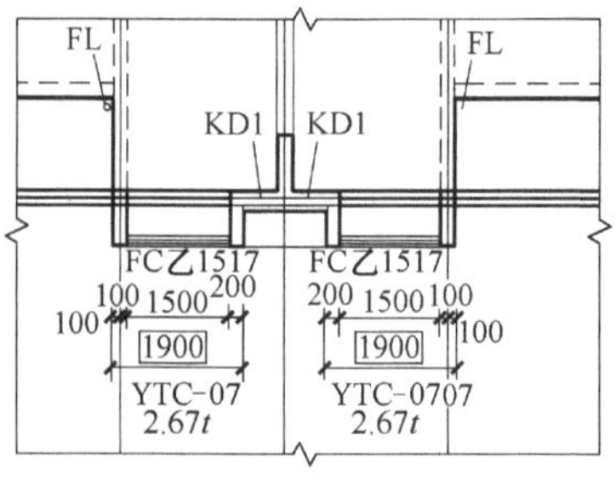

原因分析	镜像预制构件未区别编号。镜像预制构件属于不同的预制构件,如果未进行编号区分会造成预制构件在现场施工安装出现问题
应对措施	不同预制构件,包括镜像、预埋点位不同的构件,均应区分编号,并且在结构平面布置图中应对该类预制构件进行校核和修改
问题编号 34	采用预制栏板,安装工序复杂且栏板底部水平缝没有连接措施,存在安全隐患
问题配图	
原因分析	1)阳台采用预制栏板,未按实际受力模式进行配筋设计。 2)设计人员采用预制栏板没有考虑现场施工安装问题,以及连接措施
应对措施	一般情况下,不建议采用预制栏板,如确需采用,建议增加栏板底部与阳台之间的连接,同时水平缝需要打胶处理
问题编号 35	内墙板水平段太长导致开裂
问题配图	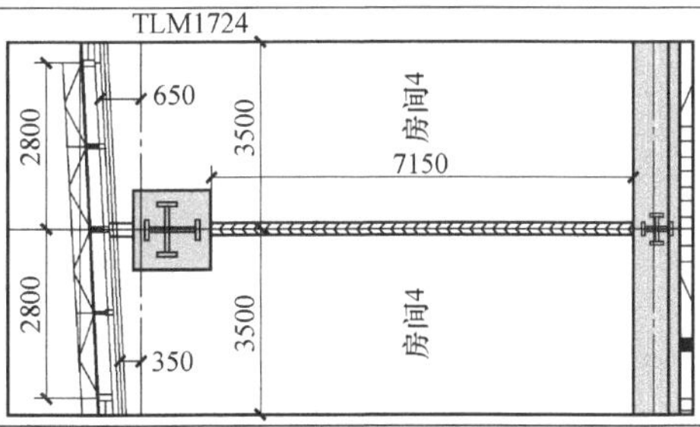
原因分析	内墙板长度较长时,极易开裂,尤其是客厅之间的分户墙。主要原因有: 1)内墙板及配套材料自身质量问题导致墙体开裂。 2)气候、温度和湿度变化引起的墙板裂缝。 3)内墙板施工工艺的问题
应对措施	1)建议当墙长超过 5m 时在中间设构造柱,避免拆分的内墙板长度过长。 2)对预制内墙板的质量进行把控。对预制内墙板的制作、安装,以及施工过程进行把控

3. 预制构件生产与运输常见问题 (表 4-13)

预制构件生产与运输常见问题　　　　　　　　　　　　　表 4-13

问题编号 36	预制构件缺棱掉角
问题配图	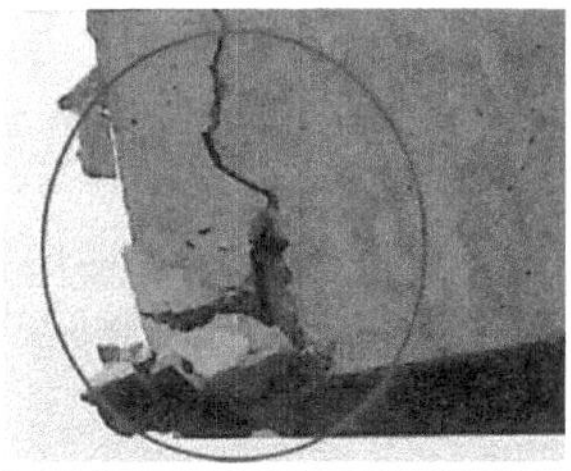

原因分析	1)脱模过早,造成混凝土边角随模具拆除破损; 2)未合理设计拆模坡度,拆模操作不当,边角受外力撞击破损; 3)模具边角杂物未清理干净,未涂刷隔离剂或涂刷不均匀、涂刷缓凝剂后缓凝剂未干燥,影响混凝土凝固,洗水时损坏; 4)预制构件成品在起吊、存放、运输等过程中受外力或重物撞击破损
影响及后果	预制构件缺棱掉角. 需二次处理,费工费时,影响质量
规范标准 相关规定	《装配式混凝土建筑技术标准》GB/T 51231—2016 11.2.3 预制构件的混凝土外观质量不应有严重缺陷,且不应有影响结构性能和安装、使用功能的尺寸偏差
防治措施	1)预制构件生产达到规定的龄期和强度后方可拆模; 2)预制构件生产企业应根据预制构件类型合理设计脱模方式及脱模坡度,拆模时注意保护棱角,避免用力过猛; 3)模具边角位置要清理干净,不得粘有杂物,隔离剂涂刷均匀. 涂刷缓凝剂后需等待缓凝剂干燥; 4)预制构件生产企业应加强预制构件的成品保护措施,也可与设计单位沟通协调,将阴阳角采用倒角成圆角设计
措施配图	
问题编号 37	预制构件外露钢筋变形
问题配图	
原因分析	1)预制构件外露钢筋过长影响运输,装车前对钢筋进行折弯; 2)预制构件生产时拆模困难. 弯折钢筋
影响及后果	现场需要对钢筋进行二次处理,费工费时,影响质量
规范标准 相关规定	《装配式混凝土建筑技术标准》GB/T 51231—2016 9.8.3 预制构件成品保护应符合下列规定: 预制构件成品外露保温板应采取防止开裂措施,外露钢筋应采取防弯折措施,外露预埋件和连结件等外露金属件应按不同环境类别进行防护或防腐、防锈
防治措施	预制构件生产企业可与设计、施工单位沟通协调改进设计,调整外露钢筋长度、出筋方式,以满足生产、运输、安装要求

措施配图	
问题编号 38	预制构件平整度不合格
问题配图	
原因分析	1)模具平整度不合格,未定期校核; 2)预制构件表面收光时平整度不合格
影响及后果	需对预制构件进行二次处理,费工费时,影响质量
规范标准 相关规定	《装配式混凝土建筑技术标准》GB/T 51231—2016 9.7.4 预制构件尺寸偏差及预留孔、预留洞、预埋件、预留插筋、键槽的位置和检验方法应符合表 9.7.4-1~表 9.7.4-4 的规定。(表略) 《装配式混凝土结构技术规程》JGJ 1—2014 11.4.2 预制构件的允许尺寸偏差及检验方法应符合表 11.4.2 的规定。(表略)
防治措施	加强对模具的定期校核; 加强混凝土表面收光工序的平整度控制,严格执行出厂检验
措施配图	 
问题编号 39	预制构件钢筋定位不准、钢筋保护层不合格
问题配图	 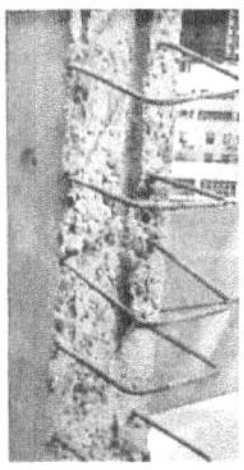
原因分析	预制构件生产时钢筋加工尺寸不合格或钢筋定位措施不牢靠

影响及后果	钢筋保护层不够时钢筋易锈蚀,混凝土易开裂,影响预制构件耐久性
规范标准 相关规定	《装配式混凝土结构技术规程》JGJ 1—2014 11.3.1 在混凝土浇筑前应进行预制构件的隐蔽工程检查,检查项目应包括下列内容: 1 钢筋的牌号、规格、数量、位置、间距等。 《混凝土结构设计规范》GB 50010—2010 8.2.1 构件中普通钢筋及预应力筋的混凝土保护层厚度应满足下列要求: 1 构件中受力钢筋的保护层厚度不应小于钢筋的公称直径 d
防治措施	预制构件生产过程中加强钢筋加工、绑扎安装、钢筋定位、保护层措施的质量管控(如设置钢筋限位器等措施)
措施配图	

4. 堆放及运输问题 (表 4-14)

堆放及运输问题　　　　　　　　　　　　　　　　　　　表 4-14

问题编号 40	板式预制构件叠放方式错误或层数超过 6 层,产生裂缝或变形
问题配图	
原因分析	1)板式预制构件叠放时,支撑位置未在统一位置,造成预制构件损伤开裂、变形等。 2)叠合板未按照标准规范要求堆放,由于支撑点少、堆放层数过高等因素造成叠合板裂缝、挠度等问题
影响及后果	长期存放时,叠合板翘曲变形
规范标准 相关规定	《装配式混凝土建筑技术标准》GB/T 51231—2016 9.8.2 预制构件存放应符合下列规定: 6 预制构件多层叠放时,每层构件间的垫块应上下对齐;预制楼板、叠合板、阳台板和空调板等构件宜平放,叠放层数不宜超过 6 层;长期存放时,应采取措施控制预应力构件起拱值和叠合板翘曲变形
防治措施	1)严格按照规范要求进行堆放:预制楼板、叠合板、阳台板和空调板等构件宜平放。 2)预制构件多层叠放时,每层构件间的垫块应上下对齐。 3)叠合板码放须定制方案,从层高、支撑点、木方摆放、吊装等方面确定码放标准和程序。 4)预制构件堆场场地平整、硬化,保障底部垫块在同一标高,多层叠放时层间垫块应上下对齐

措施配图	
问题编号 41	预制楼梯叠放不合理
问题配图	
原因分析	现场未严格按照规范要求堆放预制楼梯
影响及后果	楼梯梯级受力容易损坏或发生倾覆
规范标准 相关规定	《混凝土结构工程施工规范》GB 50666—2011 9.4.3 预制构件的堆放应符合下列规定： 3 垫木或垫块在构件下的位置宜与脱模、吊装时的起吊位置一致，重叠堆放构件时，每层构件间的垫木或垫块应在同一垂直线上； 4 堆垛层数应根据构件与垫木或垫块的承载力及堆垛的稳定性确定，必要时应设置防止构件倾覆的支架
防治措施	使用专用保护木枋或三脚架叠放楼梯，叠放层数不超过规范规定
措施配图	

5. 预制构件施工安装常见问题（表 4-15）

预制构件施工安装常见问题   表 4-15

问题编号 42	施工道路布置（大门入口高度、转弯半径、坡度、硬化等）不合理
原因分析	1）未充分考虑预制构件运输车总体高度（含预制构件及外露钢筋）； 2）现场场地道路规划布置不够详细，未根据车长、车重计算转弯半径、坡度； 3）路基夯实不足，路面硬化不够，不满足预制构件运输车行车荷载要求
影响及后果	1）预制构件运输车无法进入施工现场； 2）预制构件运输车无法将构件运输至指定位置； 3）道路沉降不均，影响车辆通行，甚至存在倾覆风险

规范标准 相关规定	《装配式混凝土结构技术规程》JGJ 1—2014 12.2.1　应合理规划构件运输通道和临时堆放场地,并采取成品堆放保护措施
防治措施	1)合理规划场内施工道路,充分考虑大门净高、转弯半径及坡度,严格按方案进行路基夯实、路面硬化; 2)当预制构件运输车行车为单进单出车道,应考虑吊装时间占用车道对施工的影响; 3)施工前利用 BIM 技术进行行车模拟分析
问题编号 43	预制墙板安装时底部未设置限位或调节措施
问题配图	
原因分析	1)设计未考虑调节或限位的措施; 2)施工单位未按设计施工
影响及后果	1)预制墙板安装后平面位置偏差过大,导致上部钢筋偏位、影响模板安装; 2)安装过程反复调节,影响工期
规范标准 相关规定	《混凝土结构工程施工规范》GB 50666—2011 9.5.5　采用临时支撑时,应符合下列规定: 3 构件安装后,可通过临时支撑对构件的位置和垂直度进行微调。 [条文说明]当墙板底没有水平约束时,墙板的每道支撑包括上部斜撑和下部支撑,下部支撑可做成水平支撑或斜向支撑
防治措施	1)设计应考虑在底部设计水平支撑或斜向支撑进行水平位置调节; 2)设计未考虑水平支撑或斜向支撑时,施工单位应在施工方案中设计"角码"或其他可靠的限位调节措施
措施配图	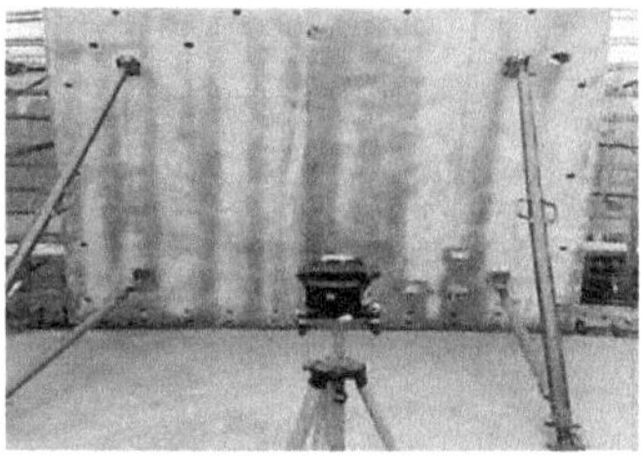
问题编号 44	预制构件临时支撑被随意拆除
问题配图	

原因分析	由于预制构件临时支撑位置影响楼板支撑架体的搭设或其他施工,而被随意拆除
影响及后果	可能导致预制墙板倾覆或偏位,存在安全质量隐患
规范标准 相关规定	《混凝土结构工程施工规范》GB 50666—2011 　9.5.4　预制构件安装过程中应根据水准点和轴线矫正位置,安装就位后应及时采取临时固定措施。预制构件与吊具的分离应在校准定位及临时固定措施安装完成后进行。临时固定措施的拆除应在装配式结构能达到后续施工承载要求后进行
防治措施	预制构件安装前进行安全技术交底,严格执行临时支撑安装和拆除的相关规定
措施配图	
问题编号 45	预制墙板安装偏位
问题配图	
原因分析	1)预制墙板安装定位控制措施不到位; 2)预制堵板固定措施不力
影响及后果	影响安装质量,需二次处理;影响后期模板安装
规范标准 相关规定	《装配式混凝土建筑技术标准》GB/T 51231—2016 10.4.12　装配式混凝土结构的尺寸偏差及检验方法应符合表 10.4.12 的规定(表略)
防治措施	1)严格按照施工方案进行安装定位控制; 2)采取可靠的临时斜撑或"角码"限位措施
措施配图	
问题编号 46	预制楼梯现浇休息平台预留插筋偏位或漏做
问题配图	

原因分析	未按要求设置预留插筋或预留插筋偏位
影响及后果	影响楼梯受力安全,二次植筋,费工费时,影响质量
规范标准 相关规定	《装配式混凝土结构技术规程》JGJ 1—2014 6.5.8　预制楼梯与支承构件之间宜采用简支连接。采用简支连接时,应符合下列规定: 2 预制楼梯设置滑动铰的端部应采取防止滑落的构造措施
防治措施	严格按照设计图纸预留钢筋,并确保定位准确、牢固
措施配图	
问题编号 47	叠合板拼缝处、阴角部位漏浆
问题配图	 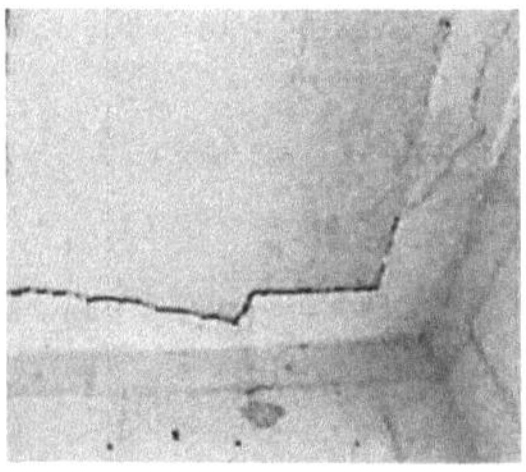
原因分析	后期需要打磨,费工费时
影响及后果	《预制装配整体式钢筋混凝土结构技术规范》SJG 18—2009 9.1.5　预制构件的安装,应符合下列规定: 1　构件安装前应根据测量放线成果设计支撑构件的架体,支撑架体宜采用可调节的铝合金立杆及配套的铝合金横梁,或采用普通脚手架管或门架体系; 2　首层支撑架体的地基必须坚实,架体必须有足够的刚度和稳定性
规范标准 相关规定	应采用合理的拼缝节点构造,按规范要求做好防漏浆措施
防治措施	因叠合板翘曲、就位标高不准确,叠合板支撑板带处模板精度不足或支撑未顶紧,拼缝处、阴角位置防漏浆措施不到位等原因导致叠合板拼缝处、阴角部位漏浆,需后期打磨
措施配图	

问题编号 48	预制楼梯踏步未做保护措施
问题配图	
原因分析	预制构件在生产企业出厂前、安装后均未对楼梯表面进行保护
影响及后果	影响楼梯整体外观质量,需二次处理,费工费时,影响质量
规范标准 相关规定	《装配式混凝土建筑技术标准》GB/T 51231—2016 10.7.5 预制楼梯饰面应采用铺设木板或其他覆盖形式的成品保护措施。楼梯安装后,踏步口宜铺设木条或其他覆盖形式保护
防治措施	1)严格执行预制构件出厂、进场检验制度,做好成品保护,可采取铺贴塑料膜等措施; 2)现场安装后可在预制楼梯梯级上加装木板保护等措施
措施配图	
问题编号 49	预埋窗框保护措施不到位
问题配图	
原因分析	未做有效成品保护
影响及后果	造成铝窗破损、污染,后期处理,费工费时
规范标准 相关规定	《装配式混凝土建筑技术标准》GB/T 51231—2016 9.8.4 预制构件在运输过程中应做好安全和成品防护,并应符合下列规定: 3 运输时宜采取如下防护措施: 3)墙板门窗框、装饰表面和棱角采用塑料贴膜或其他措施防护
防治措施	1)预制构件出厂时应对预埋铝窗做好成品保护; 2)施工现场相关单位应采取保护措施,禁止损坏成品

措施配图	

6. 预制内隔墙设计及其安装施工（表4-16）

预制内隔墙设计及其安装施工常见问题　　　　表4-16

问题编号50	排板深化设计不足
问题配图	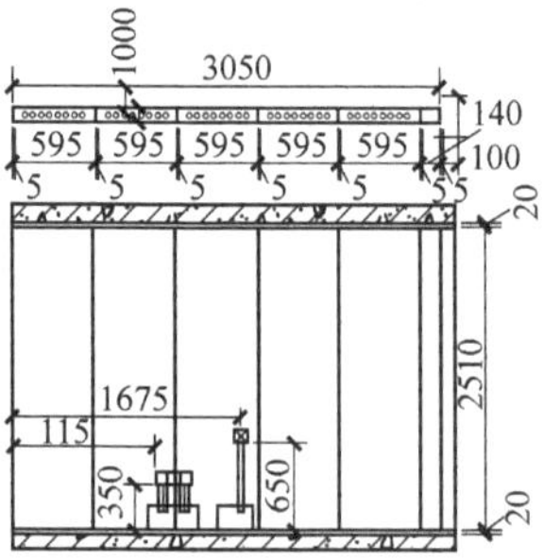 立面图3
原因分析	1) 未进行排板深化设计； 2) 排板深化设计时未与水电、模板等专业提前协调
影响及后果	1) 现场切割量大，窄板易断； 2) 跨缝打凿切割线盒口，开裂风险高
规范标准 相关规定	《建筑轻质条板隔墙技术规程》JGJ/T 157—2014 4.1.1　条板隔墙工程应出具完整的设计文件。 　4.3.3　条板应竖向排列，排列应采用标准板。当隔墙端部尺寸不足一块标准板宽时，可采用补板，且补板宽度不应小于200mm。 　4.3.5　当在条板隔墙上横向开槽、开洞敷设电气暗线、暗管、开关盒时，隔墙的厚度不宜小于90mm，开槽长度不应大于条板宽度1/2。不得在隔墙两侧同一部位开槽、开洞，其间距应至少错开150mm。板面开槽、开洞应在隔墙安装7d后进行
防治措施	提前进行排板深化设计； 加强与水电、模板等专业提前协调； 应根据排板深化设计图要求采购多种标准规格的预制隔墙板，尽量减少现场切割，不应出现宽度小于200mm的窄条板
措施配图	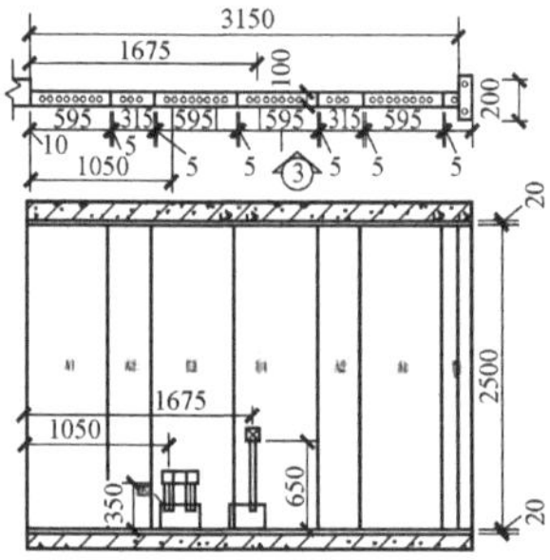 立面图3

问题编号 51	墙体长度超过规范要求,未设置构造柱
问题配图	
原因分析	施工前未进行深化设计,墙体长度超过规范要求,未设置构造柱
影响及后果	1)墙体安装长度超过规范要求,整体收缩值变大,增大开裂风险; 2)影响墙体抗震性能
规范标准相关规定	《建筑轻质条板隔墙技术规程》JGJ/T 157—2014 4.3.2 当抗震设防地区的条板隔墙安装长度超过 6m 时,应设置构造柱,并应采取加固措施
防治措施	按规范要求设置构造柱
措施配图	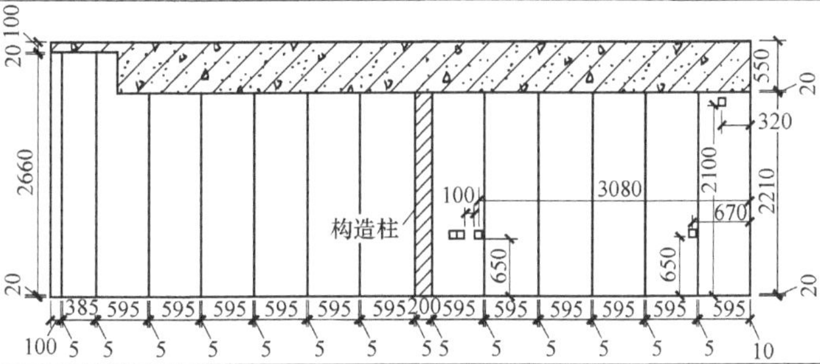
问题编号 52	墙板与结构顶部连接钢卡安装不符合要求
问题配图	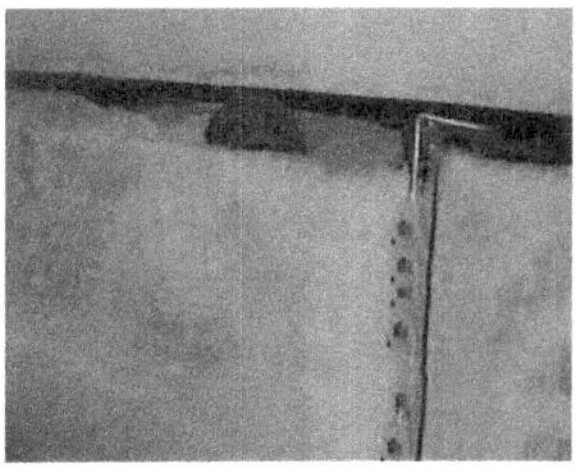
原因分析	1)专项施工方案未明确钢卡设置要求,或未严格按方案要求设置钢卡; 2)现场监管不到位,存在钢卡安装不到位现象
影响及后果	1)粘结砂浆未达到强度前,墙板受外力撞击存在开裂、倾倒风险; 2)影响墙板抗震性能
规范标准相关规定	《建筑轻质条板隔墙技术规程》JGJ/T 157—2014 4.2.8 在抗震设防地区,条板隔墙与顶板、结构梁、主体墙和柱之间的连接应采用钢卡,并应使用胀管螺丝、射钉固定。钢卡的固定应符合下列规定: 1 条板隔墙与顶板、结构梁的接缝处,钢卡间距不应大于 600mm; 2 条板隔墙与主体墙、柱的接缝处,钢卡可间断布置,且间距不应大于 1m; 3 接板安装的条板隔墙,条板上端与顶板、结构梁的接缝处应加设钢卡进行固定,且每块条板不应少于 2 个固定点

续表

防治措施	1)专项施工方案应明确墙板与顶板、结构梁连接处定位钢卡安装位置及要求; 2)钢卡应使用胀管螺丝、射钉等固定牢靠
措施配图	
问题编号 53	门窗洞口处内墙处理不当
问题配图	
原因分析	未采用配有钢筋的门头横灰或其他加固措施; 未在门角的接缝处采取加网防裂措施; 现场切制的门头横板,切割面未清理干净,降低粘结效果; 距板边 120mm 范围内的芯孔未采用细石混凝土灌实
影响及后果	门(窗)头横板与门(窗)边板连接加固不足,导致接缝开裂;实心区域不足,导致门、窗固定件锚固力不足、松动
规范标准 相关规定	《建筑轻质条板隔墙技术规程》JGJ/T 157—2014 4.3.9 确定条板隔墙上预留门、窗洞口位置时,应选用与隔墙厚度相适应的门、窗框。当采用空心条板作门、窗框板时,距板边 120~150mm 范围内不得有空心空洞,可将空心板的第一孔用细石混凝土灌实。 4.3.11 当门、窗框板上部墙体高度大于 600mm 或门窗洞口宽度超过 1.5m 时,应采用配有钢筋的过梁板或采取其他加固措施,过梁板两端搭接处不应小于 100mm。门框板、窗框板与门、窗框的接缝处应采取密封、隔声、防裂等措施。 5.4.4 安装门头横板时,应在门角的接缝处采取加网防裂措施。门窗框与洞口周边的连接缝应采用聚合物砂浆或弹性密封材料填实,并应采取加网补强等防裂措施
防治措施	门头板宜采用模板下挂现浇成型,小于 150mm 的门垛宜采用现浇成型; 内隔墙板与下挂门头板接缝处应采用聚合物砂浆填实,并采取加网防裂措施; 当采用空心墙板作门、窗框板时,距板边 120mm 范围内的芯孔应采用细石混凝土灌实
措施配图	

问题编号 54	墙板水电开槽随意打凿
问题配图	
原因分析	未使用专业的切割工具按设计尺寸开槽切割
影响及后果	线槽填补效果差,易开裂,影响墙体质量
规范标准 相关规定	《建筑轻质条板隔墙技术规程》JGJ/T 157—2014 6.2.10 隔墙上开的孔洞、槽、盒应位置准确、套割方正、边缘整齐
防治措施	应使用专业的切割工具按设计尺寸开槽切割,禁止用锤子、凿子等硬物直接打凿
措施配图	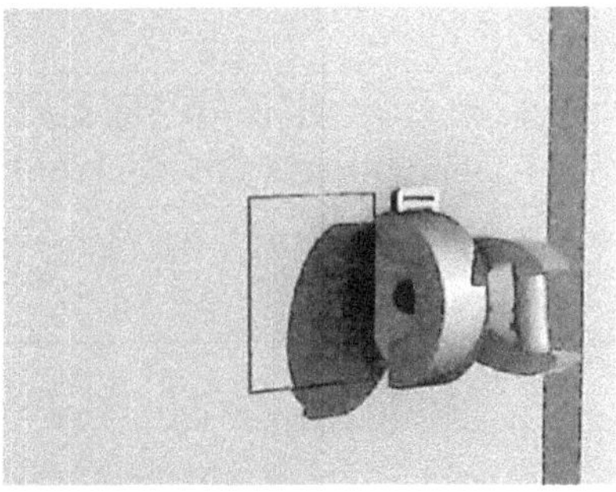
问题编号 55	现浇结构预埋线管定位不准,造成与预制外墙预埋线管错位
问题配图	
原因分析	1)预制构件图与现浇结构图纸预埋管线标注位置不同; 2)预制构件或现浇结构预埋管线误差大
影响及后果	后期穿线存在困难,需二次处理,费工费时,影响质量
规范标准 相关规定	《装配式混凝土建筑技术标准》GB/T 51231—2016 7.1.3 装配式混凝土建筑的设备与管线应合理选型,准确定位。 8.1.4 装配式混凝土建筑的内部部品与室内管线应与预制构件的深化设计紧密配合,预留接口位置应准确到位
防治措施	1)确保预制构件图与现浇结构图纸预埋管线标注准确; 2)加强现场监管,确保施工误差在允许范围之内

措施配图	
问题编号 56	预留新风进气孔洞位置错误
问题配图	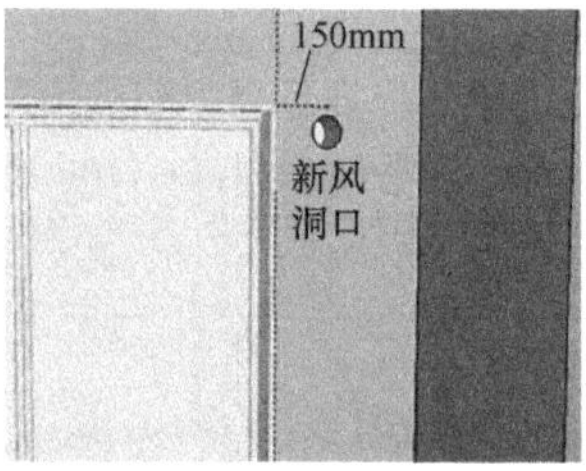
原因分析	1)水电设计未与装修设计沟通协调,集成设计; 2)设计新风进气口位置没有考虑实际使用功能
影响及后果	1)放在窗帘后,不利于新风尽快与室内空气的混合; 2)高度太高,不利于检修及更换滤网
规范标准相关规定	《装配式混凝土建筑技术标准》GB/T 51231—2016 7.1.3 装配式混凝土建筑的设备与管线应合理选型,准确定位。 8.1.4 装配式混凝土建筑的内部部品与室内管线应与预制构件的深化设计紧密配合,预留接口位置应准确到位
防治措施	进行新风进气口设计时,需与相关专业确认有无影响及考虑实际情况
措施配图	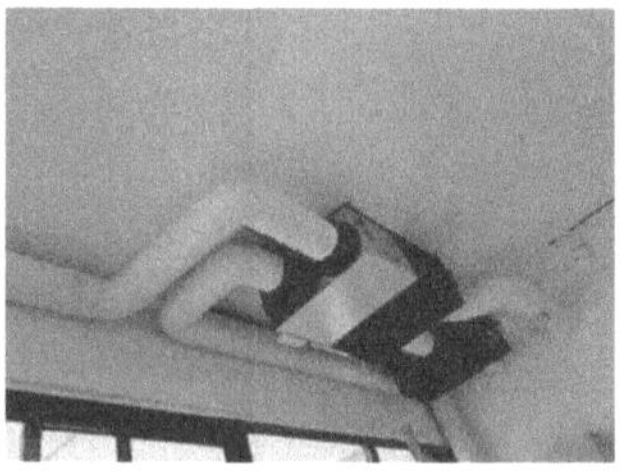

7. 设计对造价成本的影响（表 4-17）

设计对造价成本的影响　　　　　　　　　　　　　　　　　　表 4-17

问题编号 57	预制构件标准化程度较差,未形成产品化,构件单价较高
原因分析	1)设计无标准化设计理念或在施工图后期才开始预制构件设计。 2)定制产品单独开模,模具周转次数较低,达不到模具最高周转次数

应对措施	1)建议设计院、预制构件厂数据共享,形成标准化构件库,发挥每套模具周转次数,使预制楼梯段、预制凸窗、预制外墙板等构件形成标准产品库,新建项目能够快速调用数据,减少预制构件图纸二次深化,同时预制构件厂能够快速为相同类型新建项目提供现成预制构件,实现预制构件商品化。 2)装配式建筑设计应该前置,避免按常规建筑完成后再改为装配式建筑,户型标准化、构件标准化等均不理想,造成构件类型较多,施工效率不高
问题编号 58	装配式项目后期成本测算超限额指标
原因分析	装配式建筑项目在项目开始前期未根据项目定位、建设规模、成本限额、效率目标及外部影响因素等进行项目整体策划、制定合理的技术策划及实施方案,无法为后续的设计工作、管理工作提供依据
应对措施	1)装配式建筑前期技术策划对项目的实施及成本控制具有十分重要的作用,建设单位应充分考虑项目定位、建设规模、装配化目标、成本限额,以及各种外部条件影响因素,制定合理的技术策划及实施方案,为后续的设计工作、管理工作提供依据。 2)在建设前期开展项目技术策划环节,便于统筹相关单位从项目前期更全面、更综合地实现标准化设计、工厂化生产、装配式施工、一体化装修和信息化管理,全面提升建筑品质,降低建造和使用成本

5

预制构件吊装信息化应用

5.1 预制构件信息化施工

装配式混凝土建筑施工宜采用信息化管理平台、BIM 技术、互联网、物联网等信息化技术。施工模型管理与应用应参照《建筑信息模型施工应用标准》GB/T 51235 执行。装配式混凝土建筑宜采用 BIM 技术进行技术集成，实现建筑施工全过程的信息化管理。采用 BIM 技术时，宜根据企业发展战略、项目业务特点和参与各方 BIM 应用水平，确定项目 BIM 应用目标和应用范围。

施工模型宜在施工图设计模型基础上创建，也可根据施工图等已有工程项目文件进行创建。在施工中应用 BIM 技术的相关方，先确定施工模型数据共享和协同工作的方式。相关方应根据 BIM 技术的应用目标和范围，选用具有相应功能的 BIM 软件。建筑信息模型在装配式建筑施工中的应用包括：基于土建、机电等专业的 BIM 技术施工模型加入施工工艺、施工组织方案、施工临设模型和安全措施模型，形成 BIM 技术综合施工模型。施工模型可采用集成方式统一创建，也可采用分工协作方式按专业或任务分别创建。施工组织中的工序安排、资源配置、平面布置、进度计划等宜应用 BIM 技术。质量管理过程中，应根据施工现场的实际情况和工作计划，采用 BIM 技术对质量控制点进行管理。安全管理中的技术措施制定、实施方案策划、实施过程监控及动态管理、安全隐患分析及事故处理等应用 BIM 技术。对于施工难度大，或采用新技术、新工艺、新设备、新材料的工程，应用 BIM 技术进行施工工艺模拟。基于 BIM 技术创建的模型在信息转换和传递过程中，应保证完整性，不应发生信息丢失或失真。建筑工程竣工预验收、竣工验收等工作应用 BIM 技术。

5.1.1 预制构件现场管理

预制混凝土构件往往是在远离施工现场的预制工厂进行预制，然后运至现场进行安装，其中一个关键复杂的重大技术问题，就是预制构件的运输问题，即如何选定运输工具和方式，以确保构件运输质量和运输安全。

1. 预制构件运输路线的选择

（1）运输车辆的进入及退出路线；

（2）运输车辆须停放在指定地点，必须按指定路线行驶；

（3）运输应根据运输内容确定运输路线，事先得到各有关部门许可；

（4）出发前对车辆及箱体进行检查；

（5）配备驾照、送货单、安全帽；

（6）根据运输计划严守运行路线，严禁超速；

（7）工地周边停车必须停放在指定地点；

（8）工地及指定地点内车辆要熄火，必须配戴安全帽；

（9）遵守交通法规及工厂内其他规定。

2. 预制构件的运输要求

应根据构件尺寸及重量要求选择运输车辆，避免超高超宽，装卸及运输过程应考虑车体平衡。运输过程应采取防止构件移动或倾覆的可靠固定措施，构件与车体或架子用封车带绑在一起。运输竖向薄壁构件时，宜设置专用运输架；构件边角部位及构件与捆绑、支撑接触处，宜采用柔性垫衬加以保护。预制柱、梁、叠合楼板、阳台板、楼梯、空调板宜采用平放运输。预制墙板宜采用竖直立放运输，带外饰面的墙板装车时外饰面朝外并用紧绳装置进行固定。现场驳运道路应平整，并应满足承载力要求。针对预制构件体积大、重量大、易损坏的特点，采取以下方法在运输途中对构件进行保护（图 5-1）。

墙板运输示意图　　叠合板运输示意图　　楼梯运输示意图　　阳台板运输示意图

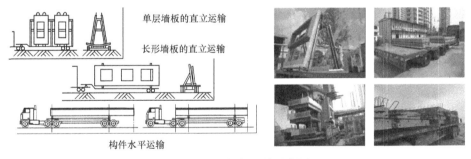

构件水平运输

图 5-1　预制构件运输示意图

（1）运输工具的选择

运输时为了防止构件发生裂缝、破损和变形等，应选择合适的运输车辆和运输台架。重型、中型载货汽车，半挂车载物，高度从地面起不得超过 4m，载运集装箱的车辆不得超过 4.2m。构件竖放运输高度选用低平板车，可使构件上限高度低于限高高度。

（2）装车方法的选择

梁、柱构件通常采用平放装车运输方式，也要采取措施防止运输过程中构件散落。要根据构件配筋决定台木的放置位置，防止构件运输过程中产生裂缝。

墙板装车时应采用竖直或侧立靠放运送的方式，运输车上应配备专用运输架，并固定牢固，同一运输架上的两块板应采用背靠背的形式竖直立放，上部用花篮螺栓互相连接，两边用斜拉钢丝绳固定。

叠合板应采用平放运输，每块叠合板用四块木块作为搁支点，木块尺寸要统一长度超过4m的叠合板应设置六块木块作为搁支点（板中应比一般板块多设置2个搁支点，防止预制叠合板中间部位产生较大的挠度），叠合板的叠放应尽量保持水平，叠放数量不应多于6块，并且用保险带扣牢。

其他构件包括楼梯构件、阳台构件和各种半预制构件等。因为各种构件的形状和配筋各不相同，所以要分别考虑不同的装车方式。选择装车方式时，要注意运输时的安全，根据断面和配筋方式采取不同的措施防止出现裂缝等现象，还需要考虑搬运到现场后（图5-2）。

图 5-2 预制构件装车方法

3. 预制构件的存放要求

（1）存放要求：预制构件脱模后，要经过质量检查、表面修补、装饰处理、场地存放、运输等环节，设计需给出支承要求，包括支承点数量、位置、构件是否可以多层存放、可以存放几层等。如果设计没有给出要求，工厂提出存放方案要经过设计确认。结构设计师对存放支承必须重视，存在因存放不当而导致大型构件断裂风险。设计师给出构件支承点位置需进行结构受力分析，最简单的办法是吊点对应的位置做支承点。

（2）存放要点：工厂根据设计要求制定预制构件存放的方案；预制构件入库前和存放过程中应做好安全和质量防护。

（3）存放实例：预制构件存放有三种方式立放法、靠放法、平放法。立放法适合存放实心墙板、叠合双层墙板以及需要修饰作业的墙板。靠放法适用于三明治外墙板以及带其他异形的构件。平放法适合用于叠合楼板、阳台板、柱、梁等（图5-3）。

图 5-3 预制构件存放方法

5.1.2 预制构件 BIM 平台模拟吊装

1. 互联网和 BIM 用于运输

基于互联网的预制装配式建筑施工管理平台通过 RFID 技术、GIS 技术实现预制构件出厂、运输、进场和安装的信息采集和跟踪，并通过互联网与云平台上的 BIM 模型进行实时信息传递，项目参与各方可以通过基于互联网的施工管理平台直观地掌握预制构件的物流和安装进度信息。互联网与 BIM 相结合的优点在于信息准确丰富，传递速度快，减少人工录入信息可能造成的错误（图5-4）。

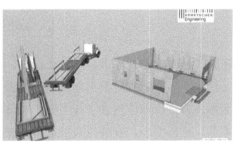

图 5-4　装配式建筑预制构件互联网运输

2. 信息化管理平台

（1）预制构件现场定位

项目所有模型使用一套标高轴网，各系统模型的准确定位，能够方便后期的链接整合，对系统间配合起到重要作用（图5-5）。

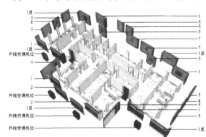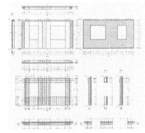

图 5-5　预制构件定位管理

（2）预制混凝土构件产品标识

构件标识应符合下列规定：以产品属性或特征作为标识的基础和依据，按照规范、合理和简明的原则进行标识，保持各构件标识具有一定的系统性。标识系统应包含构件产品的生产信息和项目信息。每个完整的标识应对应唯一构件产品（图5-6、图5-7）。

图 5-6　预制构件产品标识

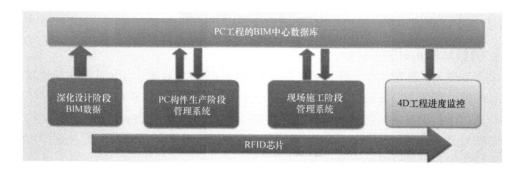

图 5-7　预制构件产品标识数据

　　预制构件平面布置要求：设计单位应绘制各层预制构件平面布置图，标明各预制构件的设计型号。生产单位应根据各预制构件设计型号完善构件编号，确保构件编号唯一性与可追溯性。构件标识应包含工程名称、构件编号、构件重量、生产日期。构件编号应包含构件类型、构件型号、安装位置信息等（图 5-8）。

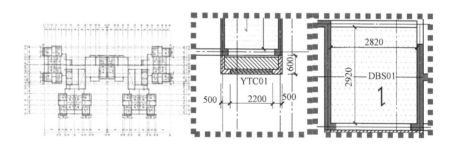

图 5-8　预制凸窗、双向叠合板

　　构件标识样式应符合下列规定：

　　1）应使用代号或简称，清楚表明构件类型、型号及编号。

　　2）产品标识应包括工厂名称、项目名称（字数不宜超过 10 个）产品编号、生产模具号、生产批次、重量、生产日期和出厂质检合格等信息。

　　3）应字数简洁、字样清晰、便于识别，不应使用生僻字、易淆的字符。

　　4）应位置显著，便于读取。立体构件设置在靠近门口处，竖向构件设置在室内面，水平构件可设置在操作面或使用条码，轻质隔墙也应设置标识编号。

　　（3）BIM 平台模拟吊装

　　通过 BIM 技术提前创建装配式预制构件模型，包括：预制外墙、预制内墙、预制PCF 板、预制阳台、预制叠合板、预制空调板、预制楼梯等。然后进行预拼装，模拟现场吊装方案，优化构件运输路线，并进行构件的碰撞检查，发现预制构件钢筋与预埋件位置不合理的地方，提出 BIM 碰撞报告，提前交由设计院，通过设计院与预制厂对接改正不合理的地方（图 5-9）。

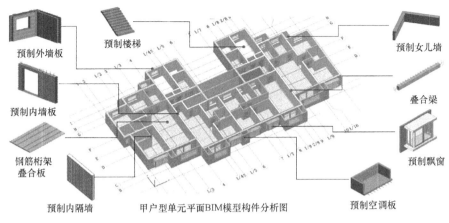

预制楼梯　预制外墙板　预制女儿墙　叠合梁　预制飘窗　预制内墙板　钢筋桁架叠合板　预制内隔墙　甲户型单元平面BIM模型构件分析图　预制空调板

图 5-9　预制构件 BIM 布置示意图

5.2　预制构件吊装安全文明施工

装配式混凝土建筑施工应符合国家现行标准《建筑施工高处作业安全技术规范》JGJ 80、《建设工程施工现场消防安全技术规范》GB 50720、《建筑施工场界环境噪声排放标准》GB 12523 等的相关规定。施工单位应建立健全各项安全管理制度，明确各职能部门的安全职责。应对施工现场定期组织安全检查，并对检查发现的安全隐患责令相关单位进行整改。施工现场应具有健全的装配式施工安全管理体系、安全交底制度、施工安全检验制度和综合安全控制考核制度。构件加工前，应由相关单位完成深化设计。深化设计应明确构件吊点、临时支撑支点、塔式起重机和施工机械附墙预埋件、脚手架拉结点等节点形式与布置，深化设计文件应经设计单位认可。施工前，应编制装配式混凝土建筑施工安全专项方案、安全生产应急预案、消防应急预案等专项方案。装配式建筑专用施工操作平台、高处临边作业防护设施，应编制专项安全方案，专项方案应按规定通过专家论证。装配式混凝土结构施工前应对预制构件、吊装设备、支撑体系等进行必要的施工验算。施工单位应根据装配式混凝土建筑工程的管理和施工技术特点，对从事预制构件吊装作业及相关人员进行安全培训与交底，明确预制构件进场、卸车、存放、吊装、就位各环节的作业风险及防控措施。机械管理员应对机械设备的进场、安装、使用、退场等进行统一管理。吊装机械的选择应综合考虑最大构件重量、吊次、吊运方法、路径、建筑物高度、作业半径、工期及现场条件等所涉及安全因素。塔式起重机及其他吊装设备选型及布置应满足最不利构件吊装要求，并严禁超载吊装。施工单位应针对装配式混凝土建筑的施工特点对重大危险源进行分析，制定相应危险源识别内容和等级并予以公示，制定相对应的安全生产应急预案，并定期开展对重大危险源的检查工作。

预制装配式混凝土建筑在装配过程中的计划管理、技术管理、文明标化管理、安全设施的要求、安全管理、环境保护等内容。

5.2.1　基本安全知识

防护用品主要有：安全帽、安全带、绝缘手套、绝缘鞋、面罩、护目镜、耳塞、工作服等，重点加强安全防护用品的采购和正确使用管理。进场前，由安全管理部提出个人防护用品的采购计划，物资设备部负责采购，要求所有防护用品必须具有产品合格证，质量必须符合国家标准的要求，如安全帽必须保证能承受 5kg 钢锤自 1m 高度自由落下的冲击，帽衬和帽壳间要有空隙以承受缓冲。凡进场人员都必须正确佩戴安全帽，作业中不得将安全帽脱下。正确佩戴安全帽方法：戴安全帽高度为帽箍底边至人头顶端为 80～90mm，要扣好帽带，调整好帽衬间距。安全帽必须符合现行国家标准《头部防护 安全帽》GB 2811 的规定，购买安全帽时，必须具有产品检验合格证。凡进场高处作业人员都必须正确佩戴安全带，安全带使用时要高挂低用，防止摆动碰撞，绳子不能打结，钩子要夹在连接环上，当发现有异常时要立即更换，换新绳时要加绳套，使用 3m 以上的绳要加缓冲器。在攀登和悬空等作业中，必须佩戴安全带并有牢靠的挂钩设施。

安全带应符合现行国家标准《坠落防护 安全带》GB 6095 规定的构造形式、材料、技术和使用保管上的要求，安全带不使用时要妥善保管，使用频繁的绳索经常做外观检查。不采购和使用不合格产品。安全网在使用时必须经项目部检查是否具备厂家出示的产品合格证后送具有相应资质的检测单位检验合格后，方可使用。在每个大的施工阶段开始之前，安全管理部将分析该阶段的施工条件、施工特点、施工方法、预测施工安全难点和事故隐患，确定管理点和预控措施，在施工过程中对薄弱部位环节要予以重点控制。

预制构件堆场区域内应设封闭围挡和安全警示标志，非操作人员不准进入吊装区；构件起吊前，操作人员应认真检验吊具各部件，做好构件吊装的事前工作；起吊时，堆场区及起吊区的信号指挥与塔式起重机司机的联络通信应使用标准、规范的普通话，防止因语言误解产生误判而发生意外。起吊与下降的全过程应始终由当班信号统一指挥，严禁他人干扰；构件起吊至安装位置上空时，操作人员和信号指挥应严密监控构件下降过程。防止构件与竖向钢筋或立杆碰撞。下降过程应缓慢进行，降至可操控高度后，操作人员迅速扶正预制构件方向，导引至安装位置。在构件安装前，塔式起重机不得有任何动作及移动；所有参与吊装的人员进入现场应正确使用安全防护用品，戴好安全帽（图 5-10）。

图 5-10 安全帽

吊装施工时，在其安装区域内行走应注意周边环境是否安全；对从事预制构件吊装作业及相关人员进行安全培训与交底，明确预制构件存放、吊装、就位各环节的作业风险，并制定防止危险情况的处理措施。

安装作业开始前，应对安装作业区进行围护并作出明显的标示，拉警戒线，并派专人看管，严禁与安装作业无关人员进入；应定期对预制构件吊装作业所用的安装工具进行检查，发现有可能存在的使用风险，应立即停止使用；遇到雨、雪、雾天气，或者风力大于6 级时，不得进行吊装作业；塔式起重机作业过程中应严格遵守"十不吊"准则；安装工必须定人定岗定位置。

起钩前，信号工及司索工须认真对吊物进行检查，确认吊物捆绑牢固可靠、吊点合理可靠、吊物或钢丝绳无粘带钢管架等其他非吊运物品后方可起吊。塔式起重机司机应根据信号工的指挥信号进行操作，开始操作前应鸣号（铃）示意，以引起有关人员的注意；吊运过程中，信号工应从起吊到就位，全过程控制，不能发出信号后就掉以轻心或擅自离开；信号工应到吊物挂钩、摘钩处相近高度5m范围内进行指挥，不得站在高处、远处进行"遥控"指挥；挂钩工在挂钩、摘钩后，信号工须认真检查确认安全无误后方可指挥起吊；塔式起重机的顶端、大臂前端部、平衡臂尾部应安设红旗和安全警示灯，安全警示灯夜间应开启；大雨、大风天气和较长时间报停后，塔式起重机司机应协同出租单位组织相关人员对塔式起重机进行一次全面检查，对设备存在的安全隐患以及机械、电气故障（尤其是经常性出现的故障）予以排除，并做好设备保养工作，确保塔式起重机重新启用后安全、高效地运行；塔式起重机司机、信号工应以充沛的精力进入岗位，精神集中操作，始终目视本塔吊钩位置和大臂，运转过程中注意相邻塔式起重机的工作状态，严格准确发出信号，不得在操作中与其他人员闲谈、玩手机或做与工作无关的动作和事情；塔式起重机司机、信号工须严格遵守国家法律法规，严禁利用塔式起重机偷盗现场材料，并应积极举报、制止他人偷盗行为；项目安全部每半月组织全体塔式起重机司机及塔式起重机信号工召开安全例会，每月进行安全技术交底，全体人员必须准时参加；确因现场需要不能到会人员应提前请假，会后由各单位责任安全员转达会议精神。项目部安全部对因违章或操作不当引发事故的，根据事故情节轻重，严格按项目相关制度对责任人进行处罚；现场各类预制构件应分别集中存放整齐，并悬挂标示牌，严禁乱堆乱放，不得占用施工临时道路，并做好防护隔离。

5.2.2 施工安全要点

1. 施工安全生产管理

（1）装配整体式混凝土结构施工安全生产管理，应遵守国家、地方的相关法律法规以及规范规程中对施工安全生产的具体要求。

（2）装配整体式混凝土结构施工过程中应按照现行行业标准《建筑施工安全检查标准》JGJ 59、《建设工程施工现场环境与卫生标准》JGJ 146 等安全、职业健康的有关规定执行。

（3）施工现场临时用电的安全应符合现行国家行业标准《施工现场临时用电安全技术规范》JGJ 46 和用电专项方案的规定。

（4）施工现场消防安全应符合现行国家标准《建设工程施工现场消防安全技术规程》GB 50720 的有关规定。

（5）应制定安全生产管理目标，并设立安全生产管理网络，明确安全生产责任制，对安全生产计划进行监督检查。

（6）应设立安全生产管理网络，监督施工现场安全生产管理，并分责任人、分部门落实安全生产责任制。

2. 安全生产管理制度

应针对装配整体式混凝土结构的施工特点，制定安全生产管理制度。

（1）安全教育培训和持证上岗制度

宜设立装配整体式混凝土施工样板区，并利用宣传画、安全专栏等多种形式，组织安全教育培训。

对机械设备和特种作业人员，应按要求进行安全技术培训考核，取得作业上岗证后，才能进行作业。

（2）安全生产档案管理制度

安全生产档案是安全生产管理的重要组成部分，应按法定的程序编制安全生产档案。安全生产档案的建立，必须做到规范化，并实行专人保管。

（3）确定安全操作规程

必须严格执行安全技术规程、岗位操作规程。在施工前，应进行安全技术交底，严格操作规范及安全纪律。

应根据国家和行业法律法规及规范规程，结合施工现场的实际情况制定安全操作规程，对于新工艺的应用，也应制定相应的安全操作规程。

（4）事故应急救援预案编制、实施与演练制度

应对施工过程中存在的重大风险源进行识别，建立健全的危险源管理规章制度，并根据各危险源的等级，确定负责人，并定期检查。

制定事故应急救援预案，尤其应关注装配整体式混凝土施工过程中可能发生的事故。制定的事故应急救援预案应经上级责任人审批合格后，应组织演练，全体员工应熟悉和掌握应急预案的内容及具体实施的程序和方法，各相关部门积极配合，做好本职范围内的应急救援工作。

3. 设备安全管理

预制构件吊装是装配整体式混凝土结构施工过程中的主要工序之一，吊装工序极大程度地依赖起重机械设备。设备问题是装配整体式混凝土结构施工中的主要风险源之一，因此，规范设备安全技术管理是装配整体式混凝土结构施工中安全管理的重要部分。

4. 安全管理措施

加强安全教育工作，做好"三级安全教育"，牢固树立"安全第一"的思想观念。进入施工现场应戴好安全帽，高空作业扣好安全带，穿好防滑鞋。对每个施工员进行技术交底工作，每日上班前开安全会，每周开一次安全施工例会，总结安全施工情况，提出修改意见。每周由总包单位组织一次安全生产大检查；每天由专职安全员巡视，检查监督安全工作，把安全工作落到实处。

（1）参加起重吊装作业人员，包括司机、起重工、信号指挥（对讲机须使用独立对讲频道）、电焊工等均应接受过专业培训和安全生产知识考核教育培训，取得相关部门的操作证和安全上岗证，并经体检确认后方可进行高处作业。

（2）墙板堆场区域内应设封闭围挡和安全警示标志，非操作人员不得进入吊装区。

（3）构件起吊前，操作人员应认真检验吊具各部件，详细复核构件型号，做好构件吊装事前工作，如外墙板连接筋弯曲、塑钢成品保护、临时固定拉杆竖向槽钢安装等。

（4）起吊时，堆场区及起吊区的信号指挥与塔吊司机的联络通信应使用标准、规范的普通话，防止因语言误解产生误判而发生意外。起吊与下降全过程应始终由当班信号统一指挥，严禁他人干扰。

（5）构件起吊至安装位置上空时，操作人员和信号指挥应严密监控构件下降过程，防止构件与竖向钢筋或立杆碰撞。下降过程应缓慢进行，降至可操控高度后，操作人员迅速扶正挂板方向，导引至安装位置。在构件安装斜拉杆、脚码前，塔式起重机不得有任何动作及移动。

（6）起吊工具应使用符合设计和国家标准，经相关部门批准的指定系列专用工具。

（7）所有参与吊装的人员进入现场时应正确使用安全防护用品，戴好安全帽。在2m以上（含2m）没有可靠安全防护设施的高处施工时，必须系好安全带。高处作业时，不能穿硬底和带钉易滑的鞋施工。

（8）吊装施工时，在其安装区域内行走应注意周边环境是否安全。临边洞口、预留洞口应做好防护，吊运路线上应设置警示栏。

（9）使用手持电钻进行楼面螺丝孔钻孔工作时，应仔细检查电钻线头和插座是否破损，配电箱应有防触电保护装置，操作人员须戴绝缘手套。电焊工、氩气乙炔气割人员操作时应开具动火证，并由专人监护。

（10）操作人员不得以墙板预埋连接筋作为攀登工具，应使用合格标准梯。在墙板与结构连接处混凝土混强度达到设计要求前，不得拆除临时固定的斜拉杆、脚码。施工过程中，斜拉杆上应置警示标志，并由专人监控巡视（图5-11）。

图5-11 预制构件吊装安全管理

5. 其他注意事项

（1）吊装机具使用前应了解其性能和操作方法，并应仔细检查吊装采用的吊索是否有扭结、变形、断丝、锈蚀等异常现象，如有异常应及时降低使用标准或报废。

（2）检查滑车、吊钩等的轮轴、钩环、撑架、轮槽、拉板、吊钩等有无裂纹或损伤，配件是否齐全，转动部分是否灵活，确认完好方可使用；吊钩如有永久裂纹或变形时，应当更换。

（3）按规定正确佩戴和使用劳动防护用品，如安全帽、手套、防滑软底鞋等。

（4）起吊重物件时，应确认起吊物件的实际重量，如不明确，应经操作者或技术人员计算确定。

（5）拴挂吊具时，应按物件的重心，确定拴挂吊具的位置；用两支点或交叉起吊时，吊钩处千斤绳、卡环、吊索等，均应符合起重作业安全规定。

（6）吊具拴挂应牢靠，吊钩应封钩，以防在起吊过程中吊索滑脱；捆扎有棱角或利口的物件时，吊索与物件的接触处应垫以麻袋、橡胶等物；起吊长、大物件时，应拴溜绳。

（7）物件起吊时，先将物件提升至离地面 10～20cm，经检查确认无异常现象后，方可继续提升。

（8）放置物件时，应缓慢下降，确认物件放置平稳牢靠后方可松钩，以免物件倾斜翻倒伤人。

（9）起吊物件时，作业人员不得在已受力索具附近停留，特别不能停留在受力索具的内侧。

（10）起重作业时，应由技术熟练、懂得起重机械性能的人担任信号指挥，指挥时应站在能够照顾到全面工作的地点，所发信号应实现统一，并做到准确、洪亮和清楚。

（11）起吊物件时，起重臂回转所涉及区域内和重物的下方严禁站人，不准靠近被吊物件和将头部伸进起吊物下方观察情况，也禁止站在起吊物件上。

（12）起吊物件旋转时，应将工作物提升到距离所能遇到的障碍物 0.5m 以上。

（13）起吊物件应使用交互捻制交绕的吊索，吊索如有扭结、变形、断丝、锈蚀等异常现象，应及时降低使用标准或报废。卡环应使其长度方向受力，抽销卡环应预防销子滑脱，有缺陷的卡环严禁使用。

（14）当使用设有大小钩的起重机时，大小钩不得同时各自起吊物件。

（15）吊索的报废标准和磨损，应符合规定要求，起吊重的结构或重大部件时，宜使用新吊索。

（16）吊索在编结成绳套时，编结部分的长度不得小于该绳直径的 1.5 倍且不得短于 30cm，用绳卡连接时，必须选择与吊索直径相匹配的卡子，卡子数量和间隔距离，应根据不同吊索直径按规定使用。

（17）吊索禁止与带电的金属（包括电线、电焊钳）相碰，以防烧断。

（18）施工区域的风力达到六级（包括六级）以上时，应停止高处和起重作业。

6. 绿色施工要求

施工现场应加强对废水、污水的管理，现场应设置污水池和排水沟。废水、废弃涂料、胶料应统一处理，严禁未经处理直接排入下水管道。施工过程中，应采取光污染控制措施。可能产生强光的施工作业，应采取防护和应对措施。夜间施工时，应防止光污染对周围居民的影响。预制构件运输过程中，应保持车辆整洁，防止对场内道路的污染，并减少扬尘。预制构件安装过程中废弃物等应进行分类回收。施工中散落的胶粘剂、稀释剂等易燃易爆废弃物应按规定及时清理、分类收集并送至指定储存器内回收，严禁丢弃未经处理的废弃物。

（1）确保装配式建筑和周边环境安全的技术措施

1）严格按既定的装配式建筑施工顺序、运输路线、装配方式等组织装配式结构施工；

2）装配式结构施工期间，必须加强对装配式建筑、各类管线、道路、预制构件堆场和临近建（构）筑物的监测和保护，实行信息化施工。

3）大型车辆进出口的路面下如有地下管线、共同沟等，必须铺设厚钢板或浇捣混凝土加固。

4）严格控制场内堆载，重载车通行时减速慢行。

5）预制构件生产时应在混凝土和构件生产区域采用收尘、除尘装备以及防止扬尘散布的设施，并应通过修补区、道路和堆场除尘等方式系统控制扬尘。

6）预制构件生产企业应有针对混凝土废浆水、废混凝土和构件的回收利用措施。

7）预制构件生产企业应设置废弃物临时置放点，并应指定专人负责废弃物的分类、放置及管理工作。废弃物清运必须由合法的单位进行。有毒有害废弃物应利用密闭容器装存并及时处置。

8）预制构件生产企业生产装备宜选用噪声小的装备，并应在混凝土生产、浇筑过程中采取降低噪声的措施。在夜间生产时，应采取措施防止光和噪声对周边居民的影响。

9）预制构件运输过程中，应保持车辆整洁。

（2）现场内外交通安全、畅通的措施

1）对周围交通的详细情况进行摸底调查，内容包括道路路幅，路基承载能力，高峰时段、地下管线设置情况等。

2）基地内的临时施工便道等尽可能实现环通，减少车辆交汇的概率。在基地临时便道的交叉口设置交通指（禁）令标志（牌），夜间设照明灯等。

3）根据施工进度情况，分阶段列出机械、预制构件的进出场运输计划。大型设备进场，必须与业主及有关政府交通管理部门进行协调，统一调整好进场道路及临近交通道路的关系及运转，保证交通正常。

4）运用现代化的管理手段和通信手段，进行实时动态调度，使预制构件的运输既满足施工需要，又不影响交通安全。

（3）大气污染

1）施工垃圾搭设封闭式临时专用垃圾道或采用容器吊运，严禁随意临空撒散，垃圾及时清运，适时洒水，减少扬尘。

2）对粉细散装材料，采用室内（或封闭）存放或严密遮盖，卸运时采取有效措施，减少扬尘。

3）现场的临时道路地面做硬化处理，防止道路扬尘。

4）选用环保型低排放施工机械，并在排气口下方地面浇水冲洗干净，防止排气产生扬尘。

5）现场设置冲洗台和沉淀池，清洗机械和运输车的废水经三级沉淀后达标排入相应的市政管线。

6）控制施工产生的污水流向，防止蔓延，并在合理位置设置沉淀池，经沉淀后排入污水管，防止污染环境。

7）现场存放油料的库房进行防渗漏处理，储存和使用须采取一定措施，防止跑、冒、滴、漏，污染水体。

8）厕所设化粪池，与环保部门联系定期抽粪，严禁直接排入市政管网。

（4）噪声污染

1）整个基地围墙封闭，与外界隔离，处于封闭状态施工。

2）制定合理的施工计划，确保附近居民有足够的休息时间；进行强噪声、大振动作业时，严格控制作业时间，必须昼夜连续作业的，采取降噪减振措施，并提前与周边居民取得联系，做好周围群众安抚工作，并报有关环保单位备案后施工。

3）选用环保型的低噪声低排放施工机械，改进施工工艺。

4）教育、督促施工班组工人在施工中做到轻提轻放，严禁随便乱捆、乱敲工具和材料，杜绝不必要的噪声产生。

5）对某些不可避免的一些噪声，采取设置隔声屏障的办法以吸收和隔阻噪声的扩散。

6）施工现场遵照现行国家标准《建筑施工场界环境噪声排放标准》GB 12523制定降噪的相应制度和措施。

（5）市容环卫保证措施

1）建立环保保证体系。落实专人负责生活区、办公区以及施工现场的环境保洁，协调好市容监察部门的工作，不因施工而影响市容环境卫生。

2）项目的所有施工人员在施工前必须了解本工程的环保方针及环保目标、指标，接受社会各方在项目施工中的环保要求。

3）积极按政府包括建设单位的有关要求，做好对施工过程中渣土和建筑垃圾的规范施工、运输等工作。

（6）其他措施

1）加强施工现场的管理，确保施工现场整洁，现场出入口落实外出车辆的清洁措施（包括出口道路做硬地坪、随时冲洗外出车辆，加强对渣土垃圾运输车辆的车况检查，做到持证运营，保证不偷倒、不乱倒渣土及垃圾）。

2）项目部严格对施工班组进行考核工作，每月考评，做到奖优罚劣。确保落手清工作做到随做随清。

3）外运车辆必须封盖进出大门前冲洗。保持车辆出入口路面平整、湿润，减少地面扬尘污染，并尽量减缓行驶速度。

4）按照卫生标准和环境卫生作业要求设置相应的生活垃圾容器，实行生活垃圾袋装化，并落实专人负责清运。

5）选择有资质的专业单位实施相关处理工作，签定有关责任协议，规范经营行为。

6）在施工中需处理被列入国家危险物名录中的危险废物，须向有关部门申报登记，按国家有关规定进行处置。对易燃、易爆及高污染的大宗材料均设置贮存在指定区域内。

7）对在施工中必须的机油、涂料、油漆等材料，均设置存放在指定区域，并备有消防设施及防泄漏措施。

8）及时清除建筑物施工中产生的建筑垃圾，对废油抹布、废涂料、油漆桶、水泥袋等进行分类集中堆放，并按废弃处置规定进行处置。

参 考 文 献

［1］ 楼跃清. 装配式混凝土结构预制构件吊装构造及应用指南［M］. 北京：中国建筑工业出版社，2020.
［2］ 肖凯成. 装配式混凝土建筑施工技术［M］. 北京：化学工业出版社，2019.
［3］ 张博为. 建筑的工业化思维［M］. 北京：机械工业出版社，2019.
［4］ 顾金山. 装配式混凝土建筑结构安装作业［M］. 上海：同济大学出版社，2016.
［5］ 孙志东. 装配式混凝土建筑常见问题防治指南［M］. 上海：同济大学出版社，2020.
［6］ 郭剑. 装配式混凝土预制构件吊装施工技术［M］. 长沙：中南大学出版社，2020.